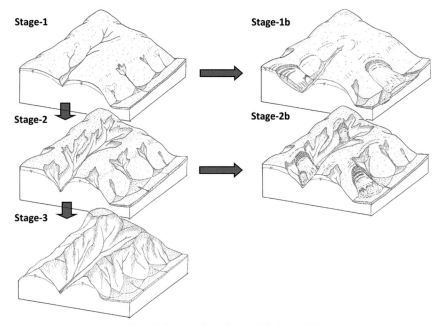

口絵1　地すべりの発生・拡大・消滅（p.37 参照）

地形は地山強度と風化や侵食基準面の上下降，気象変化がもたらす侵食営力変化とのせめぎ合いの中で形成されていく（Stage-1〜Stage-3）．ただし風化や侵食営力が常に一定であるとは限らない．短期的には一時的に豪雨で崩壊したり地震によって一部が大きく壊れて地すべりになったりする．その発生が地形変遷過程のどのタイミングかによって地形様相も変わっていく（Stage-1b,2b）．

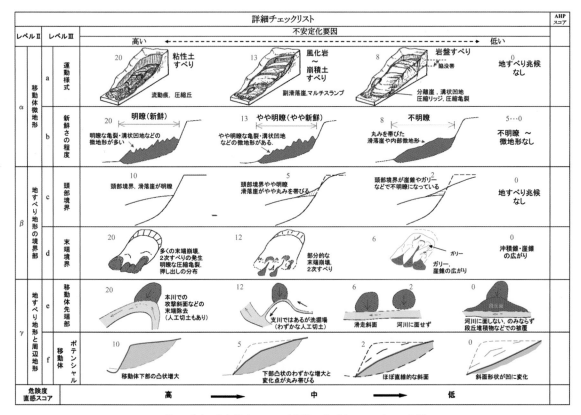

口絵2　地すべり危険度の AHP 評価法に基づくカルテ（p.46 参照）

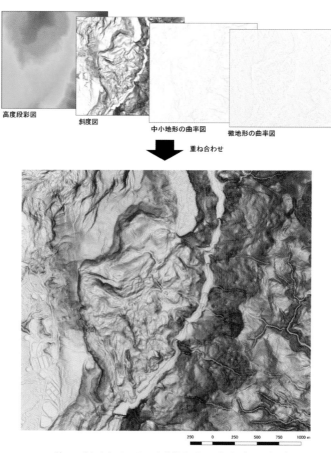

高度段彩図　斜度図　中小地形の曲率図　微地形の曲率図

重ね合わせ

250　0　250　500　750　1000 m

口絵3　重ね合わせによる立体微地形図の作成（p.91参照）

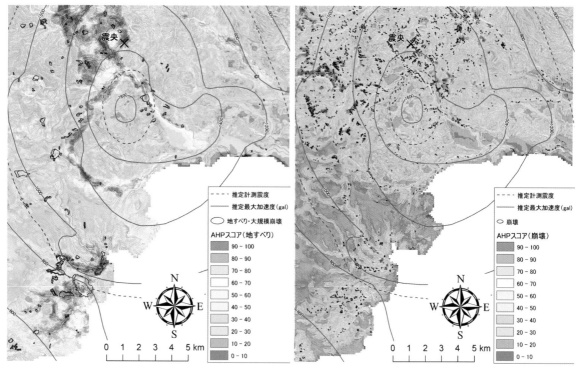

口絵4　2008年岩手・宮城内陸地震から導かれたAHP斜面変動予測値地図（左：地すべり，右：崩壊；p.105参照）

斜面防災危険度評価ガイドブック

―斜面と地すべりの読み解き方―

日本地すべり学会
斜面防災危険度評価ガイドブック
編集委員会 編

朝倉書店

執　筆　者

池田　浩二 （いけだ　こうじ）　　株式会社東北開発コンサルタント　調査部

石丸　聡 （いしまる　さとし）　　北海道立総合研究機構　エネルギー・環境・地質研究所

伊藤　陽司 （いとう　ようじ）　　元　北見工業大学　工学部

濱崎　英作 （はまさき　えいさく）　　株式会社アドバンテクノロジー　技術部／株式会社三協技術　技術部

林　一成* （はやし　かずなり）　　奥山ボーリング株式会社　技術部

檜垣　大助 （ひがき　だいすけ）　　日本工営株式会社　国土基盤整備事業本部

宮城　豊彦 （みやぎ　とよひこ）　　東北学院大学名誉教授／株式会社アドバンテクノロジー　技術部

八木　浩司* （やぎ　ひろし）　　山形大学　地域教育文化学部

（五十音順．*は編集代表）

はしがき─斜面防災危険度評価の経緯と現在─

　地球上で「湿潤変動帯」と称される場所は，地表面の物質移動ポテンシャルが特に高い．ここは，地殻変動・火山活動などの内作用，侵食・堆積・気候変動などの外作用ともにダイナミックで，それらの総和としての地形変化の速度・様式・規模も極めて多彩だ．日本列島はこうした場所であり，中でも東北・北海道はその典型である．湿潤変動帯の実験地ともいえるこの地を対象に，特に地すべりを取り上げて，その実際を多角的に理解・表現する地形学や防災科学に取り組んできた研究者と技術者が，一体となって本書を世に出すことになった．

　斜面防災は広い意味をもつが，本書で特に地すべりを取り上げているのは，地すべりの動きが災害を引き起こすことに対応策を構築する必要があるからという理由に留まらない．近年は地すべり現象を理解する上で大きな展開がある．全国を網羅した防災科学技術研究所の地すべり地形分布図には，40万カ所を超える地すべり起源の地形領域が図化されており，一部の山地斜面ではその過半が地すべり性の地形である．地すべりの理解自体が再構築されている前提としては，現象理解の基本中の基本ともいえる「その実際はどのようにあるのか」を把握できる状況が実現された経緯がある．科学では，「何故」と「どうやって」の解明が大目的とされるが，それ以前に「どうなっているか」という事実認識が必要であることは論をまたない．

　斜面変動の一典型である「地すべり」は，変動時のすさまじい動きと被害の甚大さゆえに，地域住民からは大いに恐れられ，その発生メカニズムの解明と対策工の立案に多くの力が注がれた．地すべりと技術者の関係でいえば，災害が発生することを契機として調査・分析・評価を行うことで技術も研究も進められてきた．いうなれば対症療法的な側面を伴いながら水準を高めてきたのである．しかし災害とは，自然の変化が人の生活や命に及ぶことを指すのを踏まえれば，人間の活動領域が拡大・複雑化することで，新規の災害が発生する潜在性を持つ地域は拡大し，災害脆弱性の内容も変化する．現代は，土地を観察する技術がほぼ完成した時代といえそうだ．そうであれば，この技術を駆使して，地すべりの実態の把握を推進すべきではないだろうか．そもそも地すべり災害はどのような自然現象であり，それはどこにどのように存在し，いつ動き，その変動はどれほどの災害を発生させる可能性を持つのかを系統的に予測して，合理的で安全な土地や自然の利用を実現すべきではないかと考える．

　本書を執筆しているメンバーは，「公益社団法人日本地すべり学会」の東北支部・北海道支部に所属し，地すべり変動によって生じる地形変化に強い興味を持つ8名である．その内訳は，国内有数の豊かな経験を持つ大家5名と，彼らと朝な夕なに議論を重ねながらも，新しい感性と技術の構築に余念がない少壮の技術者3名である．

　前者の5名は，半世紀ほど前に日本でも活用が始まった空中写真の実体視判読と現地踏査とを組み合わせて，斜面地形の変化過程を分析する過程で地すべりプロセスの役割を分析・理解することを推進し，その見識に基づいて地すべり地形の分布図を作ることに尽力してきた．彼らには，地すべりといえども地表面の地形変形そのものであるから地形を丹念に観察すること

で「どこで」と「どのように」の実際を把握できるという見通しがあったに違いない．これが地形判読技術の深化と全国を網羅した地すべり地形判読図の公刊に繋がった．この経緯は，災害現場と地形情報とを結ぶ経験知を豊かにすることに結びついた．これまでにも何名かの先輩や仲間が地形判読時に着眼すべき微地形の整理と微地形特性が持つ変動特性の指標性，その理解の仕方などで多くの提案をしてきた．これにより，地形判読の名人芸を技術に昇華する工夫が重ねられた．後者の3名は，先輩諸兄の見識を踏襲しつつも，現代的な高精度の3次元地形データを用いて斜面変動の可視化，理解の深化に工夫を重ねている．新技術の開発をすることで地形をより詳細かつ明確に把握しようとする姿勢は，前者が構築した「判読が両眼を通して脳で画像を結ぶことの技術」を踏み台として，その画像を3次元的に可視化し，誰もが理解しえる状況を現出することに繋がる．ここにも新たな地すべり地形学を構築する芽生えがあるように思う．

　本書では，そのかなりの分量を割いて，地すべり地形の再活動危険度評価に関する解説を行っている．特に，地すべり地形の認識論から評価技術に磨き上げる実践技術としてAHPを重点的に紹介している．我々が推進した地すべりの分布実態・地すべり地を構成する要素の解析的な把握は，「地すべりの諸過程は，地すべり地形領域の細部や場に現れており，これらを合理的に把握することで地すべり再滑動のポテンシャルを評価できる」というテーゼを具体化したものと考えている．執筆陣の言葉を借りれば，それは「暗黙知を形式知に変える作業の成果」である．ここには，地すべりの実態を「何故そうなるのか，それは何故か？」と追及するアプローチとは別の「ともかく実態を調べて，これを記載することを徹底する」型の作業の蓄積があったと考える．それは，生物学において分類学と生理学が不即不離に関係しあって進歩する状況と相通じるものがある．

　土地の形状を俯瞰的かつ多角的に観察・把握して，その意味するところを考察することの成果をまとめた本書は，この分野における仕事の帰着点ともいうべきものであろう．

　2021年5月

東北学院大学名誉教授・株式会社アドバンテクノロジー

宮 城 豊 彦

目　　次

斜面の地形発達と斜面変動の総説的解説

1.1 斜面の地形発達から見た斜面変動

　山地・丘陵地の斜面は，地殻変動や火山活動などの内的営力と侵食・堆積などの外的営力の両方が働いて形成される．地殻変動の進みやすさは，地球上のプレート運動やプレート相互作用とその速さなどに関係する．一方，外的営力の重要要因となる気候や地形・地質は，斜面からの流出や地下水形成などを支配し，結果として侵食の強さや風化の速さあるいは斜面上で働く土砂移動プロセス（営力）の働き方を支配する．また，斜面では，降水の有無に関係なく重力が働き，時には地震力も作用する．

　本書の目的となる斜面での崩壊や地すべりの発生危険度の評価には，斜面形成に関わる上記のさまざまな要因の特性を知ることが重要となる．一方で，地形発達史の視点で見れば，対象範囲の地形を形態や成因で地形面に分類し，それらの分布を把握すると，対象地域の地形がどんな営力が働いてできてきたかがわかり，そこから今後どのような土砂災害が起こりやすいかが推定できる．

　本章では，地すべりだけでなく，斜面で働くさまざまな地形変化プロセスとそれによる斜面地形の発達の仕方について概説する．それは，地すべり発生可能性のある斜面の把握・評価には，再活動しやすいという点で地すべり地形やその中の微地形の特徴を掴むことが必要であるが，その周辺の斜面地形にも注目して，地すべりが起こっていないあるいは今後起こりそうにない斜面と，発生可能性のある斜面とを区分する必要があるためである．

　斜面災害防止対策を検討するには，降水による斜面変動の場合，対象となる斜面の地形・地質・土質（岩盤）特性や地下水の分布・流動の仕方，すなわち斜面での土砂移動の素因を把握することが不可欠で，そこでは，斜面の形成史を考えることが有益となる（吉永・上野，1999）．斜面は，多くの場合，侵食が卓越する場で地すべりを除いて侵食の証拠を堆積物として見出すのが容易でないため，過去の侵食プロセスを地形から読み取ることが必要となる．田村（1987）は，宮城県仙台市周辺の丘陵地で谷頭部の微地形構成と土層構造を調べ，各微地形に対応して降雨の浸透・流出の仕方と土砂移動プロセスの起こり方の違いができ，結果的に土層の構造や湿潤度合いが異なることを述べている．このような微地形は，更新世後期から完新世にかけて気候変化や海面変動の影響を大きく受けてできたと見られる（田村，1990）．特に，微地形単位を境する遷急線の中で後氷期開析前線（羽田野・大八木，1986）として捉えられるものは，現在よりも乾燥寒冷な氷期から湿潤温暖な後氷期への地形形成作用の変化による斜面地形発達の中で作られてきたとされ，傾斜や土層構成と地下水挙動の境界として，表層崩壊の発生危険斜面の把握において重視されてきた．

　地すべりにおいても，過去の地すべりの継続による地形変遷過程の中で移動地塊の地質構造も変化し，それが現在の地下水流動形態や地すべり運動特性を作り出している．図

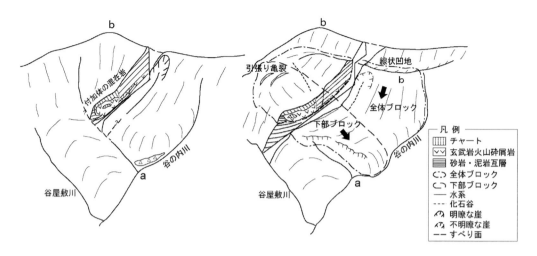

図1.1 砂岩・泥岩互層, 塊状のチャート, すべり面となった玄武岩火山砕屑岩薄層からなる秩父帯にある地すべり地の変遷過程（檜垣ほか, 2009b）（左：初生すべり発生直前, 右：現在, の地すべりの地形・地質状況, 図中でa：谷, b：尾根を示す）
地すべり地末端では, 渓岸斜面での受働破壊で形成された逆傾斜のすべり面が見られる.

1.1に示した例では, 高知県にある秩父帯の大規模岩盤地すべりが, （1）初生的には, 付加体としてもたらされ地質構造上弱層となる玄武岩火山砕屑岩の薄層と, 谷に面した末端部での受働破壊面がすべり面として連続することで発生し, それがすべり面に逆傾斜部が存在する原因となったこと, （2）逆傾斜部を含む船底型のすべり面に沿って軟質化した玄武岩火山砕屑岩層が存在するようになったため, そこに地下水が停滞しやすくなったこと, など地すべり防止対策に重要な知見を得ることができた（檜垣ほか, 2009b）.

このように崩壊・地すべり危険箇所やそれに影響する素因の把握には, 地形発達史の視点が必要である. 次節では, 山地に地すべりが多く分布しており（The Japan Landslide Society, 2012）, 地すべり現象が地形発達において大きな役割を果たしたと考えられる東北地方を例として取り上げる.

1.2　山地・丘陵地の斜面地形発達 ─東北地方を例に─

我が国の東北地方において, 第四紀の火山体を除き, 後期更新世以降, おおむね現在の

ような高さや地形配列になってから斜面地形発達に大きく影響したのは, 最終氷期から後氷期への気候変化による地形形成営力の質や強さの変化であろう（例えば, 田村, 1997）. 北上川上流低地部での化石周氷河現象の存在（例えば, 澤口, 1992）から, 北上山地中部以北では最終氷期のステージ2を含む少なくとも3回の時期に, 斜面表層部の凍結・融解作用によって平滑な周氷河斜面が広く面的に形成されたと考えられる（檜垣, 1987）. 後氷期になって, 海面上昇により日本海へ対馬暖流が侵入し, 気温上昇により冬季の降雨雪が増えたことで, 河川上流部では凍結融解による岩屑生産・移動で谷底部へもたらされた物質が下刻を受け, 下流に運ばれた. 河岸段丘の形成期（例えば, 柳田, 1979；豊島, 1989）から見て, 最終氷期に埋積の進んだ東北地方の山地河川では最終氷期末期から現在にかけて下刻の過程にあり, 斜面脚部の河川による侵食が進んだことや, 降水量増大などで崩壊や地すべりが頻発するようになった可能性がある. 北上山地中部以北では, 氷期の岩屑に覆われた平滑な斜面の中に崩壊が発生し, 谷の侵入が進み, 山麓部には土石流や崩

図1.2 最終氷期の凍結・融解作用による岩屑生産・移動で形成された平滑な斜面と、それに切り込む後氷期の崩壊でできた谷頭部
崩壊発生時にできたと見られる土石流堆が崩壊跡斜面から右下へ向けて認められる.

壊物質によって沖積錐や崖錐ができた（Higaki, 1992）（図1.2）.

一方、新第三紀あるいは第四紀の未固結堆積物や軟岩を主とした地質からなる東北地方の低山地・丘陵地では、豪雨での表層崩壊や地すべりによる侵食が進んだ. 青森県から秋田県にまたがる白神山地では、地すべり地形をなす斜面は山地の過半を占め、現在でも融雪や河川侵食などを契機に地すべりが多発している（地すべり学会東北支部、1992；Higaki et al., 2016）.

奥羽山脈から西側の山地では、新第三紀以降の海成・陸成堆積物や火山噴出物が、主に第四紀に入ってから隆起し山地が形成されたところが多いため、古いカルデラ埋積物や軟質岩の上に硬質の厚い火山岩や溶結凝灰岩などが存在するケースがある. その結果、平成20年（2008年）岩手・宮城内陸地震で発生した荒砥沢地すべり（移動後の地塊最大すべり面深さ130 m；大野ほか、2010）や秋田県砥沢地すべり（すべり面深度100 m以上；森屋ほか、2008）など、起伏量の大きくないわりに深いすべり面を持つ大規模地すべりが存在することも特徴である.

第四紀火山の存在もまた東北地方の山地地形を特徴づけている. 円錐型の火山体やカルデラなど特徴的な地形景観が注目されるが、

同時に1888年の磐梯山の火山活動に伴う山体崩壊と岩屑なだれによる檜原湖などの形成（例えば、守屋、1985）など、$10^8\,\mathrm{m}^3$に及ぶ巨大なマスムーブメントによる地形も形成されている.

一方、広義の地すべりに含まれる表層崩壊や土石流でできる地形も、土砂災害防災上把握しておかなければいけない. 北上山地や阿武隈山地でよく見られる隆起準平原や残丘などは、山地が長い間侵食を受けて低平化してきた結果で、土砂災害が奥羽山脈や出羽山地に比べ少ないように捉えられやすい. しかし、2016年の台風10号や2019年の台風19号による豪雨では、阿武隈山地北部の花こう岩地帯や三陸沿岸山地での崩壊、土石流や土砂洪水氾濫が多発し（例えば、金・檜垣、2019；井良沢ほか、2020）、100年確率規模を超える豪雨により、残存する風化層の崩壊や過去の土石流堆積物、崖錐堆積物が再移動する危険性が高いことを示した. 北上山地では、完新世の約6000年前よりも前の温暖化の進んだ時期に各地の小渓流で土石流が発生してできた、段丘面や谷頭凹型斜面が残されている（金・檜垣、2019）. これらは、山地の地形発達の過程で残された斜面構成物が土砂災害の素因になっている事例といえる.

▌1.3　斜面微地形の把握と意義 ─地すべり変動の分析─

本節では、地すべり変動の運動機構や活動性など、斜面の危険度判定に必要な事項を地形からどう読み取るかについて述べる.

移動体の微地形は、地すべり活動による圧縮・引張等の応力場の違い、移動物質の材料特性（地質構造を含む）と地すべりや風化によるその後の変化、地すべり以外に働いた侵食・堆積作用など、移動物質の情報とその変化の歴史を表している. 滑落崖や分離崖も崩壊を含む侵食作用で解体されていく. 渡（1971）は、地すべり地形を形態分類し、地

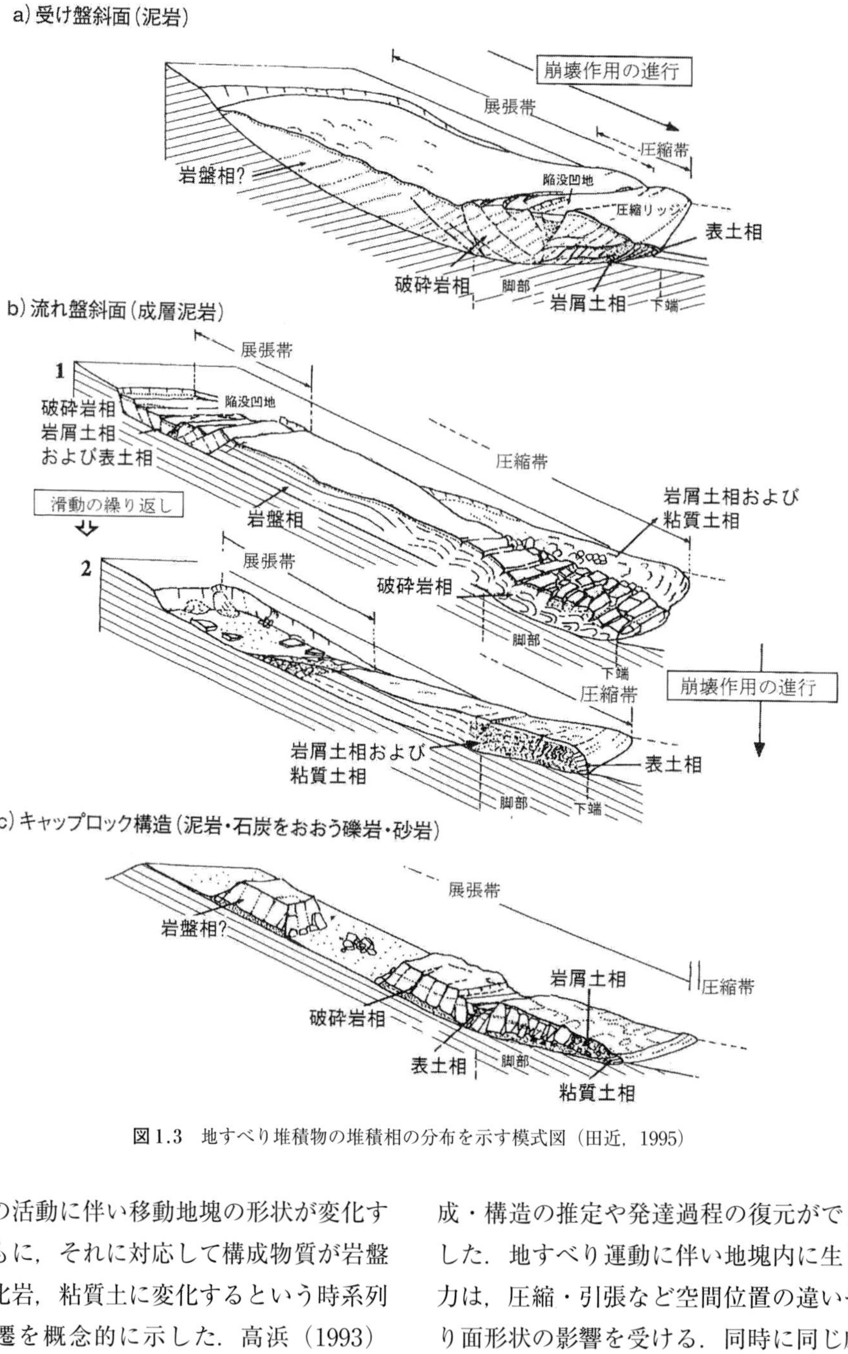

a) 受け盤斜面（泥岩）

崩壊作用の進行

展張帯

圧縮帯

岩盤相？

陥没凹地

圧縮リッジ

表土相

破砕岩相　脚部　岩屑土相　下端

b) 流れ盤斜面（成層泥岩）

展張帯

1

破砕岩相
岩屑土相
および表土相

陥没凹地

圧縮帯

岩屑土相および
粘質土相

滑動の繰り返し

岩盤相

展張帯

破砕岩相

2

脚部

下端

圧縮帯

崩壊作用の進行

岩屑土相および
粘質土相

表土相

脚部　下端

c) キャップロック構造（泥岩・石炭をおおう礫岩・砂岩）

展張帯

岩盤相？

岩屑土相

圧縮帯

破砕岩相

表土相　脚部

粘質土相

図1.3　地すべり堆積物の堆積相の分布を示す模式図（田近，1995）

すべりの活動に伴い移動地塊の形状が変化するとともに，それに対応して構成物質が岩盤から風化岩，粘質土に変化するという時系列的な変遷を概念的に示した．高浜（1993）は，主に泥質軟岩での事例に着目し，地すべりによる岩盤破砕の過程で大規模な地すべりの中に中・小規模の地すべりが生じていく（親・子・孫地すべり発生）としている．さらに，宮城（1991）や田近（1995）は，地すべり移動体を構成する堆積物から，運動メカニズム検討や，地表構造から地塊の物質構成・構造の推定や発達過程の復元ができるとした．地すべり運動に伴い地塊内に生じる応力は，圧縮・引張など空間位置の違いやすべり面形状の影響を受ける．同時に同じ応力が発生しても破壊のされ方は材料によって異なり，それらは微地形にも反映される．田近（1995）は，微地形と堆積相の空間的配置を基盤構造タイプによってモデル化した（図1.3）が，このようなモデルがほかの地すべりでの地形・地質構造把握にも応用できる．

　初生的な地すべり発生や深層崩壊の前兆地

形としては, すべり面の形成で移動体が不動域から分離される前段階で生じる岩盤クリープに注目し, 多重山稜やはらみ出し地形などの判読が重要とされている (例えば, 大八木・横山, 1996). 逆に, 地すべりが沈静化し長く安定していると河川侵食や崩壊などで移動体の原型が失われていく.

以上のように, 地すべり地の微地形構成とその成因・内部構造を把握することで, 地すべりとそれ以外の地形形成作用による地すべり地の地形や物質, 運動 (停止も含む) の変遷過程が捉えられる. これは, 地すべり滑動が起こりやすい範囲や活動性, 地下の地質・土質状況やすべり面形態などを把握する鍵となり, 地すべり災害発生危険性や防止対策を検討する上で重要な情報となる.

本書の主な対象ではないが, 滑落崖状の地形が見られるものの移動地塊が明確に認められない「地すべり抜け跡地形」も, 地震時や豪雨時に滑落崖での拡大崩壊や2次崩壊の起こりやすい地形である. 2008年岩手・宮城内陸地震では, 溶結凝灰岩の下位にある泥質岩・火山灰層などの軟質層がすべり面となった崩壊性地すべり (すべりとして発生し, 地塊が発生域からほぼ抜けて流下したもの) が多発したが, そのような場所は過去にも同様な現象が起きたことを示す椅子型の抜け跡地形が見られた (図1.4). 類似のでき方をした表層崩壊跡地形として, 1次谷の頭部やその背後に見られる0次谷も豪雨時などに崩壊が起こりやすい地形とされている. このような地形も今後, 想定を超える豪雨や地震時に崩壊・地すべり発生の危険性を持つ斜面といえる.

これらの斜面の微地形認定で, 近年, レーザ測量や写真測量技術の高度化で, 詳細な地形の判読が容易になってきている. 斜面を形作る微地形とその特徴や配列を把握し, 斜面地形発達過程や斜面表層の内部構造を推定して, それを地すべり発生危険性評価の注目要

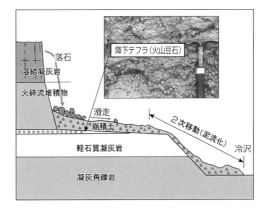

図1.4 2008年岩手・宮城内陸地震で多発した地すべり性崩壊 (檜垣ほか, 2009a を改変)
溶結した火砕流堆積物の下面で地すべりとして発生, 移動地塊は流動化して大半が発生域から流出した.

素と配点決定などに繋げることができるだろう.

1.4 ハザード, リスク, 危険性

地すべり災害発生危険性の評価には, 地すべりの起こりやすさ, 起こった場合の被害を受ける対象が何か, それがどの程度被害を受けやすいか, が関係する. また, 地すべり発生斜面と移動地塊の到達範囲の大きさなども被害の大小に関係する. Varnes and IAEG (1984) は, 国連災害救済調整官事務所 (UNDRO) とユネスコの定義を紹介しており, 自然現象によるハザード (natural hazard：H) を, 特定期間内に特定の範囲で加害現象の発生する可能性としている. そして, ハザードと, ある強さ (magnitude) の加害現象発生によって対象に起こる損害の程度 (vulnerability：V) の積を特定リスク (Rs) と呼ぶ. さらに, 特定リスク (Rs) と人口や財産, 経済活動などリスクを受けうる状態にある要素の大きさ (E) の積をトータルリスク (Rt) と呼んでいる (式1.1).

$$Rt = (E)(Rs) = (E)(H \times V) \qquad (1.1)$$

なお, これらの用語や自然災害の捉え方については, ワイズナーほか (2010) の『防災学原論』に詳述されており, 上式は定性的概

念で数学的な意味はなさないとしている.

　ハザードを特定期間内の起こりやすさと捉えると，例えば，地すべり地形をなす斜面のハザード評価には地すべり地形のできた時期を考慮する必要がある．しかし，地形の形成時期の特定は容易でなく，また再活動性があり，微動から滑落に至るまで，どの時点を発生と捉えるかは，地すべり特有の難しい問題である．さらに，これらの用語は英語での定義で，ほかの言語では，類似用語でもその意味する内容が異なる（Varnes and IAEG, 1984）．このような点から，本書で扱う危険度評価には，対象範囲の土地の相対的な斜面変動の起こりやすさを意味するサスセプティビリティ（susceptibility）が相当する用語といえる．　　　　　　　　　　〔檜垣大助〕

文　献

羽田野誠一・大八木規夫（1986）．斜面災害の発生しやすい場所（場所の予測）．斜面災害の予知と防災，白亜書房，pp.95-221.

Higaki, D.（1992）. History of morphogenetic environments of the Kitakami mountains, Northeast Japan in the late Quaternary. *Science Reports of Tohoku Univ.7th Series, Geography,* **42**（2），129-162.

Higaki, D., Yuguchi, K., Kumagaya, N. and Makita, H.（2016）. The relationship between changes in riverbed morphology and frequent landslides in the Shirakami Mountains. *SHIRAKAMI-SANCHI, Bulletin of the Shirakami Institute for Environmental Sciences, Hirosaki University,* **5**, 10-16.

檜垣大助（1987）．北上山地中部の斜面物質移動期と斜面形成．第四紀研究，**26**（1），27-45.

檜垣大助・佐藤　剛・山崎孝成（2009a）．第4章 地盤災害 4.3.6 栗原市耕英地区の崩壊・地すべり，平成20年岩手・宮城内陸地震4学協会東北合同調査委員会，平成20年岩手・宮城内陸地震災害調査報告書，pp.90-92.

檜垣大助・吉村典宏・小原嬢子（2009b）．高知県谷の内地すべりにおける地形・地質構造発達過程と地下水流動構造．地形，**30**（2），77-93.

井良沢道也・松尾新二朗・新井瑞穂・海堀正博・鄒　青穎・山田　孝・笠井美青・厚井高志・加藤誠章・若原妙子・檜垣大助・池田　一・石川芳治・荒井健一・広瀬伸二・佐藤達也・川端秀樹・講武　学・丹羽　諭・菅原和宏・松坂裕之・多田信之・金　俊之（2020）．2019年10月台風第19号による東北地方における土砂災害．砂防学会誌，**72**（6），42-53.

地すべり学会東北支部（1992）．東北の地すべり・地すべり地形—分布図と技術者のための活用マニュアル—，p.142.

金　俊之・檜垣大助（2019）．地形的背景からみた岩手県北上山地における平成28年8月台風第10号豪雨の土砂移動．日本地すべり学会誌，**56**（3），104-114.

宮城豊彦（1991）．9章 地すべりの運動特性と地すべり地形の評価 9.2.1 若干の分析例．東北の地すべり・地すべり地形—分布図と技術者のための活用マニュアル—（地すべり学会東北支部編），pp.128-131.

森屋　洋・高橋明久・阿部真郎・檜垣大助（2008）．地表・地中変位データから見た東北地方の新第三系地すべり移動地塊の変形構造．日本地すべり学会誌，**44**（6），369-376.

守屋以智雄（1985）．磐梯山1888年の噴火—大崩壊—．地質と調査，**2**，20-27.

大野亮一・山科真一・山崎孝成・小山倫史・江坂文寿・笠井史宏（2010）．地震時大規模地すべりの発生機構—荒砥沢地すべりを例として—．日本地すべり学会誌，**47**（2），84-90.

大八木規夫・横山俊治（1996）．斜面災害と地質学—地すべり構造論の展開—，テクトニクスと変成作用，原郁夫先生退官記念論文集，pp.335-343.

澤口晋一（1992）．北上川上流域における最終氷期後半の化石周氷河現象．季刊地理学，**44**（1），18-28.

田近　淳（1995）．堆積岩を起源とする地すべり堆積物の内部構造と堆積相．地下資源調査所報告，**67**，59-145.

高浜信行（1993）．岩盤地すべりについて．日本地すべり学会シンポジウム「地すべりの地形・地質用語に関する諸問題」論文集，51-56.

田村俊和（1987）．湿潤温帯丘陵地の地形と土壌．ペドロジスト，**31**，135-146.

田村俊和（1990）．第1章 日本の丘陵地の特色．丘陵地の自然環境—その特性と保全—（松井　健・武内和彦・田村俊和編），古今書院，pp.1-4.

田村俊和（1997）．なだらかな山地の形成とそこでの暮らし—北上山地と阿武隈山地—．日本の自然 地域編〈2〉東北（小島圭二・田村俊和・菊池多賀夫・境田清隆編），岩波書店，pp.72-91.

The Japan Landslide Society（2012）. *Landslide in Japan*（The Seventh Revision）, p.68.

豊島正幸（1989）．過去2万年間の下刻過程にみられる10^3年オーダーの侵食谷丘形成．地形，**10**，309-321.

Varnes, D. J. and the IAEG Commission on Landslides and Other Mass Movement on Slopes（1984）. *Landslide Hazard Zonation: A Review of Principles and Practice,* Natural Hazards 3, UNESCO, p.63.

渡　正亮（1971）．地すべりの型と対策．地すべり，**8**（1），1-5.

ワイズナー，B.・ブライキー，P.・キャノン，T.・デービス，I. 著，岡田憲夫監訳，渡辺正幸・石渡幹夫・諏訪義雄訳（2010）．防災学原論，築地書館．

柳田　誠（1979）．阿賀野川中流域の地形発達史．地理学評論，**52**，689-705.

吉永秀一郎・上野将司（1999）．第4章 第四紀における斜面発達 4.8 斜面の形成とその発達過程についての研究に関する今後の展望．斜面地質学—その研究動向と今後の展望—（日本応用地質学会），pp.117-118.

地すべり地形の判読と評価 2

2.1 地形を読み取るスケールと地形面の概念

地表の形態である地形は，その場所がいかに形成されてきたか，その形成プロセスを表している．斜面を断ち切る急崖とその前面の緩傾斜で凹凸のある地形があれば，山地斜面の一部がすべり落ちて発達した地すべり地形であることがわかる．ただ，「場所」をどの程度のスケールで捉えるかでその場所のでき方も違って見えてくる．地球の海陸分布や島弧-海溝系スケールでの大地形（波長：数百〜数千 km での凹凸）（図2.1）から，東北日本で見られるような山地・盆地列スケールでの中地形（波長：数十〜数百 km での凹凸）といったスケールでは，地殻変動や広域の火山・火成活動が大きく関わっている（貝塚ほか，1985）．

一方，稜線から谷底に至る山地斜面や盆地・平野内部での斜面発達や扇状地・段丘形成など段差が数十〜数百 m の小地形スケール（図2.2）では，地殻変動に加えて水理条件や侵食基準面の変化など，気候変化が関わってくる．山地斜面内や段丘・扇状地内スケールでの低崖・低断層崖や凹地・高まり・段差，亀裂などの微地形（比高：数十 cm〜数 m の段差）（図2.3）の場合は，地殻変動に加え重力が地形形成に関わってくる．地すべり技術者が実際に対応する地形は小地形・微地形で，1/数万〜1/数千スケールの地図上で認識・表現されるものである．この空間スケールの地形は，10^4 年〜10^0 年の時間スケールで発達する．

次に小地形・微地形スケールでの任意の場

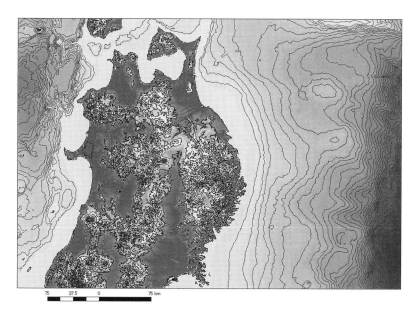

図2.1 東北地方の大地形（等高線間隔 300 m，等深線間隔 500 m）

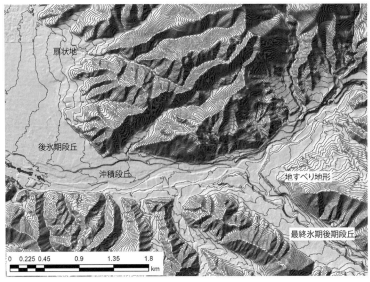

図 2.2　小地形スケールで見た山地山麓部の地形概観（等高線間隔 10 m）

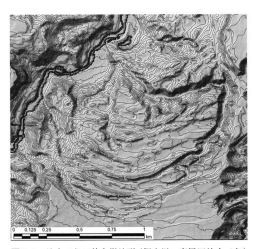

図 2.3　地すべりに伴う微地形（銅山川・寒風田地すべり）
（等高線間隔 10 m）

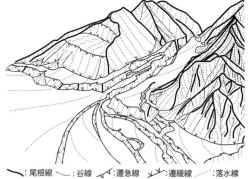

＼＼：尾根線　……：谷線　⌄⌄：遷急線　∨∨：遷緩線　⌐：落水線

図 2.4　小地形スケールで見た山地山麓部の地形面区分

所の地形理解で必要なことは，地形面の概念
である．

　地形面とは地形の成因とともに形成時期を
総合して，ある時期の同一環境下に同一プロ
セスで発達し，連続した地表空間として残さ
れるものを指す．日本のような湿潤変動帯に
おいて地表は，過去数十万年前以降，数万年
の時間スケールで続く地殻変動や気候変化・
海水準変化に対応して発達した，さまざまな
時期の異なる地形面がモザイク状に覆った集
合体である．すなわち沖積面，洪積台地，下

末吉面，武蔵野面，立川面と呼ばれる段丘群
も，気候変動と地殻変動の重合現象として異
なるレベルに異なる時代の地形面が，旧期の
地形面を切り込むことでそれぞれ形成されて
きたものである．そして，隣り合う異なる地
形面は，それぞれの地形面で発達レベル，形
状，曲率，傾斜が異なることから，その境界
には必ず連続する遷急線・遷緩線（地形界
線）あるいは崖が形成される（図 2.2〜図
2.4）．

　山地斜面も，主に侵食によって旧地形を掘
り込むか，覆うかしてさまざまな時期に形成
された地形面の集合体で，個々の地形面は谷
線，尾根線，遷急線および遷緩線によって囲

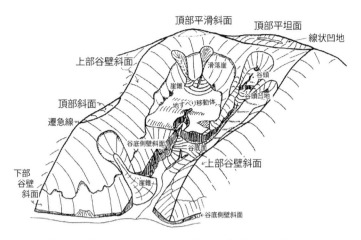

図2.5 微地形スケールでの山地斜面の地形面区分（八木, 1990）

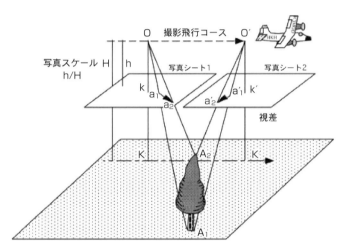

図2.6 空中写真判読の原理：視差（Yagi, 2001を一部改変）

まれている（図2.5）．斜面内で谷底に最も近い位置にある遷急線は，侵食前線と呼ばれる．遷急線のうち地すべり・崩壊では，もともとあった斜面（地形面）がその連続性を断ち切るように抜け落ち，移動区間では侵食し，さらに堆積域で元斜面を覆うように，あるいは乗り上げるように停止する．したがって，発生域では明瞭な地形面の不連続線すなわち遷急線と比高の大きな段差地形（主滑落崖）が形成され，移動域では側部崖によって周辺斜面と隔絶された斜面が現れる．

2.2 空中写真判読

オーバーラップのかかった隣り合った空中写真上では，映し出された同じ対象に視差が発生する（図2.6）．空中写真判読とは，このような視差のある地表の画像を左右の目ごとにそれぞれ取り込み融合させることで実体像として知覚し，地表の凹凸・高低・段差や傾斜の大きく変化する位置を知覚し検出することである．その優れている点は，遷急線・遷緩線で画され空間的に連続する地形面や異なる位置に発達する地形面群の垂直的上下関

図 2.7　鬼首・江合川右岸の陰影図と傾斜分布図の重ね合わせ図

係，そして山地斜面においては斜面の連続性の途切れを実体像，すなわち 3D イメージから瞬時に把握・直感できることである（図2.2，図2.3参照）．この地形面の連続性に現れる不連続性こそが異常地形であり，活断層や地すべり地形の認定の根拠となってくる．それらは地形図判読でも可能で，等高線の配列を読み取ることで明らかにできるが，等高線間隔よりも小さな地表変位は表現されていないことから，使用する地形図の縮尺，等高線間隔に大きく規制される．また大縮尺の地形図であればあるほど，地形図判読では空間的な広がりや連続性を瞬時には把握しにくくなる．

　そもそも 3 次元の地表形態を 2 次元に投影した地形図では，形態把握において限界がある．また 1960 年代～2000 年代はじめまでは，等高線間隔 10 m の 1/25,000 地形図が一般に使える最大縮尺の地形図であったため，地形学では，空中写真判読で地表を実体視し，地表の形態から地表の成り立ちを明らかにすることが現実的であった．例えば扇状地，段丘，浜堤，溶岩流，火山砕屑丘などさまざまな地形種を検出したり，地形発達史的観点か

ら，地域全域で地形種や形成時期の異なる地形面を分類してきた．日本の活断層図，国土地理院による土地条件図や，防災科学技術研究所による地すべり地形分布図も空中写真判読をもとに作成されている．

　日本で一般に供用されてきた空中写真は，1/40,000，1/20,000，1/10,000 である．インフラ・プロジェクトにおいて数千分の 1 スケールで撮影され，詳細な地形図作成に供用されたものもある．それらを実体判読することで，大縮尺の空中写真では比高数十 cm の微地形や斜面の傾斜の変わり目としての遷急線・遷緩線を捉えることができる．現在では，レーザ航空測量によって地表が高密度の点群データとして計測されるようになったので，高精度 DEM の利用によって陰影図や傾斜分布図を重ね合わせることで擬似的な 3D 地形図の作成が可能になったり（図2.7），等高線間隔を 1 m あるいは 0.5 m で描いた高精度地形図によって直接遷急線・遷緩線の検出も可能となっている．しかし，地形は対象とするスケールごとに認識できる地形単位が異なることから，空中写真判読で得た 3D イメージは，数 km^2～十数 km^2 にわたって

広域に連続する地すべり地形や段丘地形を対象とする地形理解や地形面の連続性，あるいは地すべりに伴う微地形把握にとってはいまだ不可欠なツールである．また，上述の高精度地形図と併用することで，空中写真判読で認識された微小な段差，地形変換線の位置を正確にプロットすることが可能となり，その斜面変形の実体把握の精度も著しく向上した．

2.3 空中写真判読において鍵となる特徴的な微地形

地すべり地形は，主滑落崖と移動体の組合わせである単位地すべり地形と，地すべり変動範囲の内側に現れる亀裂・段差，凹地，小丘などの微地形（部分地形）からなる（古谷，1980）．地すべり（mass movement，マスムーブメント）現象は移動様式によっていくつかのタイプに区分されている．それらは，スライド（slide），クリープ（creep），トップル（topple），フォール（fall），フロー（flow）などである（Varnes, 1978；大八木，2004；Highland and Bobrowsky, 2008）．これらタイプごとに斜面変形の現れ方としての微地形が異なってくる．逆に空中写真判読ではこのような微地形を読み取ることで，そこで発生したあるいは発生しつつある地すべり現象や

そのタイプを予想した予防的対処や復旧対応も可能になる．

2.3.1 スライド

発生事例の多いスライドタイプの地すべりを例として模式図をもとに地すべり地形に特有な微地形を用語的に整理すれば，以下のようになる．発生域の上縁部を縁取る遷急線に沿った部分を冠頂部と呼ぶ．図2.8に示したようなすべり面形状が円弧状の後方回転運動（rotational slide）に伴う地すべりの場合，主滑落崖の平面形は弧状となる．

主滑落崖基部には陥没による凹地が形成されたりする．主移動体内に生じる展張力によって切離・沈下が起こり，副次崖が形成される．移動体の下方および側方への移動・展張によって移動体内に横断亀裂や開口凹地，段差，低滑落崖等が形成され，移動体内部で発生する部分的な逆断層的変位に伴い圧縮リッジや収縮縞などの微地形が形成される．移動体末端部で移動物質が広がるように移動すれば放射状のクラックも形成される．このように，後方回転運動による地すべり地形は，明瞭な遷急線に断ち切られた馬蹄形状の急崖とその前面に広がる凹凸やクラックなどに富んだ緩やかな斜面の組合わせとして3Dイメージとして認定される．

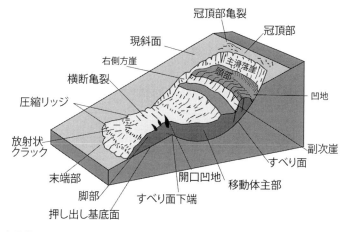

図2.8 後方回転運動タイプの地すべり現象に伴い形成される微地形（Highland and Bobrowsky, 2008 を改変）

地すべり現象を捉える際，冠頂部や主滑落崖の形態からすべり面の形状を推定することができる．前述の後方回転運動の場合は，弧状の冠頂部・主滑落崖を示す場合は，円弧状のすべり面をもつ後方回転運動であったが，冠頂部と主滑落崖が直線的で冠頭部に箱形の陥没帯が形成されている場合は，すべり面形状が平滑で，並進すべり（translational slide）（図2.9）と呼ばれる．この場合は，直線的な副次崖や，横断亀裂が移動体を横切るように発達する．並進地すべりの末端が広い谷底と接しているような拘束されない場合は，長距離を流下することがある．狭い谷底と接する場合，末端では短縮に伴う波状の変形が生

じる．対岸に乗り上げた際には弧状のすべり面が形成され隆起帯が生じたりする．以下その他のタイプのマスムーブメントに特有な微地形について紹介する．

2.3.2　クリープ

斜面物質の剪断を伴わない緩慢な重力性変形をクリープ（creep）と呼ぶ（図2.10）．クリープは，ある深さの範囲で斜面構成物質全体が一定の広がりで下方に移動する．小規模なものは土壌クリープ，ソリフラクションと呼ばれ，岩盤で構成された高起伏の山体全体が緩慢に移動する岩盤クリープ（rock creep）と呼ばれる現象もある（Chigira, 1992）．岩盤クリープの発生している斜面は，谷に対して張り出すような凸型斜面が形成されることが多く（図2.11），このような斜面の検出は崩壊等の予測には不可欠である．

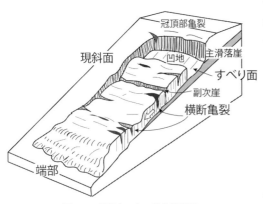

図2.9　並進すべりに伴う微地形

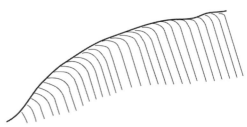

図2.10　岩盤クリープ

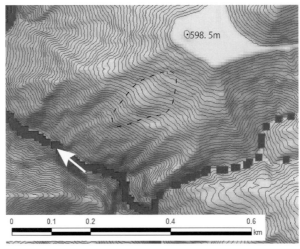

図2.11　庄川水系・利賀川右岸の岩盤クリープによるはらみ出し（等高線間隔5m）

2.3.3 トップル

高傾斜した堆積岩あるいは節理系やシーティングの発達した斜面構成物がその基部を支点に谷側に転倒するような前方回転運動（topple）を示す現象である（図 2.12）．岩盤クリープによって谷側に撓みこんだ岩体が限界歪みに達して基部で破壊あるいは切離することで発生する．座屈に至ることもある．前述のとおり，岩盤クリープからトップルに移行する一連の動きで，山体斜面がアコーディオンを開いたように谷側にはらみ出すことで相対的な稜線部の沈下をもたらす．その結果，二重山稜，多重山稜と呼ばれる山稜向きの逆向き小崖や，それら小崖が斜面を塞ぐことで形成された線状の凹地あるいは地塘からなる微地形群が山稜部から斜面上部に形成される（図 2.13，図 2.14）．

2.3.4 フォール

フォール（fall）は，急な崖面や冠頂部から剝離した岩塊，岩屑の自由落下現象である（図 2.12 参照）．上記のトップルから移行して発生するものが多い．崖面基部やその前面に岩塊が散乱する．急崖や遷急線上部付近に

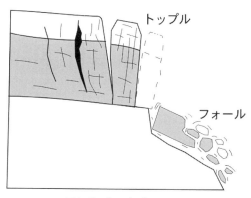

図 2.12　トップルとフォール

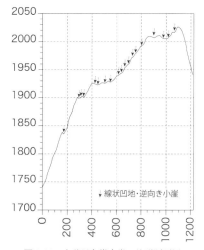

図 2.14　大井川左岸赤崩の地形断面図
山体下部の急斜面に対し稜線付近に緩斜面が残り，そこには逆向きの小崖や凹地が発達している．

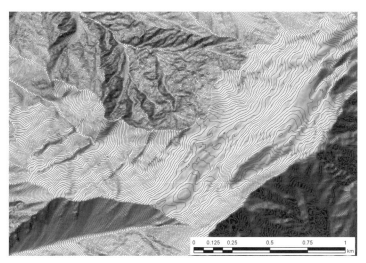

図 2.13　大井川左岸・赤崩付近の地形図（等高線間隔 5 m）

開口亀裂や小さな段差が生じる.

2.3.5　フロー

フロー（flow）は，斜面物質が発生域で瞬間的かつさまざまな方向の剪断面の形成により細分化され，下方に高速移動する現象である．発生域の岩相・土層の厚さにより，浅層崩壊あるいは深層崩壊と呼ばれる．移動物質に含まれる水の流動性の影響を強く受ける現象を土石流（debris flow）と呼び（図2.15），水をほとんど含まないものが岩石なだれ（rock avalanches）などに区分される（図2.16）．岩石なだれなどは，初期段階ではスライドとして始まるが，移動の進行とともに移動体が分断されフローに移行する．2 mm以下の粒子が80 %以上を占める細粒物質の移動はアースフロー（earth flow）とも呼ばれる．フローに伴うマスムーブメントの微地形的特徴は，浅層崩壊の起源の場合，移動域に物質が残されにくいことや移動区間で移動体による侵食が起こること，移動体の末端が舌状を呈することである（図2.15）．岩石なだれは，移動体表面に巨礫が突出し全体に凸凹な微地形を示す（図2.16）．しかし，深層崩壊の場合は，発生域ではスライド的メカニズムで発生したものが，長距離流動する過程で細粒化され土石流や岩石なだれに遷移していくことが多い．このためスライドとの

微地形区別は難しいが，発生域の傾斜や移動体表面の凸凹の度合いから判断される．

2.4　地すべり地形の空中写真判読事例

いくつかの地すべり地形について，空中写真による微地形判読を行った（図2.17〜図2.21）．それらから地すべり領域の判定，移動体の区分および地すべり地形領域内での発達史について解説する.

2.4.1　秋田県役内川右岸中山付近の地すべり地形

秋田県役内川流域の羽後川井・中山付近には中新世以降の非海成凝灰質砂岩・泥岩層と火砕流起源の凝灰角礫岩が断層で接している．その境界に沿った位置に馬蹄形滑落崖とその基部の移動域からなる明瞭な地すべり地形を地形図上でも読み取ることができる（図2.17）．空中写真判読（図2.18）で観察された微地形を，シンボルを用いて地形図上に表現すれば，より詳細な移動体区分や発達過程を明らかにできる（図2.17）．図より，独立標高点406と同486を結ぶ稜線南側直下が70〜80 mの急崖（a–b–c）となって約950 mにわたり続き，その前面に緩やかな斜面があたかも腰掛け状（移動体A，B）に発達することから地すべり地形であると認定される.

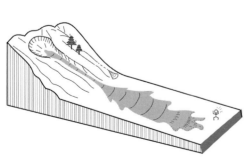

図2.15　フローの概念図

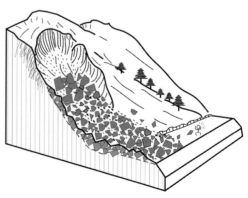

図2.16　岩石なだれの概念図

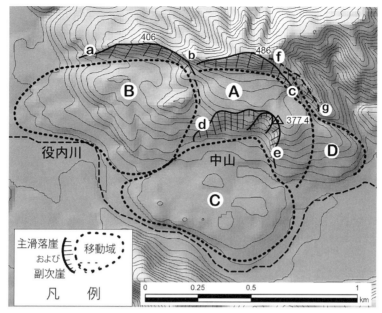

図 2.17 役内川右岸・羽後中山付近の地すべり地形学図（等高線間隔 10 m）
凡例はほかの地すべり地形図と共通．記号は文中の記載に一致．

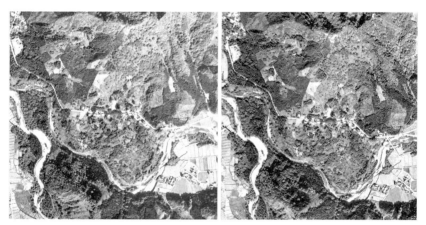

図 2.18 役内川右岸・羽後中山付近の実体視用空中写真（国土地理院，C TO-76-13 C11A-11, 10）

しかし，滑落崖と思われる急崖は，直線ではなく曲率の異なる 2 つの弧（滑落崖 a-b および滑落崖 b-c）によって構成されることが読み取れ，b で交差している．したがって，この地すべり地形は後方回転運動で形成され，大きくは 2 回滑動したことがわかる．滑落崖（a-b）は，滑落崖（b-c）を切るように発達し，移動体 B も移動体 A に対して 30～40 m 低い位置にあることから，まず b-486-c を冠頂とする地すべりが発生した後，

西側の a-406-b を冠頂とした地すべりが起こった．さらに，三角点 377.4 直下には移動体 A を切るように比高 70 m 程度の弧状の滑落崖（d-e）が発達し，その基部から南側には中山集落を挟んで下流側が盛り上がるような移動体 C が，役内川の流れを南側に押し出すように張り出している．また，滑落崖（b-c）のより東側に並行して弧状の尾根（f-g）が発達する．尾根（f-g）は本地すべり地形の初成的な地すべりによって形成された滑

落崖であることも推定される．その初成的な
地すべりに対応した地塊が移動体Dで，移
動体Aとは発達方向が異なっていることか
らもうなずける．すなわち，中山付近の地す
べり地形群からは，初成的な地すべりが新た
な地すべりで分化・発達することが読み取れ
る．

2.4.2　宮城県広瀬川支流大倉川左岸側の地すべり地形群

　仙台市西部・広瀬川支流大倉川流域には中
新世中期の凝灰岩層が広く分布し，それに貫
入した玄武岩体が点在するとともに多くの地
すべり地形が発達している．同様に空中写真
判読を行い，地形図上にシンボルを用いて表
記した（図2.19，図2.20）．図より，広野原
付近の玄武岩体からなる独立標高点586の直
下から比高60m程度の急崖が東西に連な
り，これを主滑落崖とする大規模な地すべり
地形が大倉川に向かって発達する．その規模
は冠頂部の長さが1km，冠頂部から末端・
大倉付近までの長さが約1.75km，末端部の
幅が1.25kmである．独立標高点586直下
の滑落崖が直線的であることや，移動域内に
直線的なリッジ状の高まりと線状凹地が何列
も並行に発達し，地すべり左（東）縁に沿っ
てリッジや凹地の軸が時計回りに回転するよ
うに配列されていることからも，すべり面が
平滑で並進すべりとして発達していることが
予想される．地すべり移動体末端には大倉と
いう比高50m，長軸方向に長さ400m程度
の小丘があるが，その長軸延長方向にも比高
10m前後のリッジや線状凹地あるいは池が
発達していることから見て，大倉川左岸に接
した位置まで地すべり移動体が分布すること
もわかる．また，大倉の比高や長さが地すべ
り移動体内部の分化の程度に比べ大きいこ
と，大倉と三角点412.6mに挟まれた低地
帯の幅がより上位の斜面内の低地列に比べ大
きいことから見て，本地すべりは，末端の大

倉付近がまず大倉川河谷側に張り出すように
移動した後，その上部斜面が波及的に滑動し
たことでその大枠が形成されたものと考えら
れる．さらに，広野原西側や三角点412.6東
側の斜面で移動体構成層に対するガリー侵食
に伴う副次崖の形成も続いている．
　図2.21は，大倉ダム左岸・北側の実体視
用空中写真である．その判読結果である図
2.22からは，三角点540.4の南側に比高
20～30mの西北西-東南東走向で連続する滑
落崖が認められる．そして滑落崖から大倉牧
場を経て日向集落に至る幅1.5km，奥行き
1.5kmの丘陵部に，西北西-東南東走向の凹
地列とそれらに挟まれた比高30～50m，長
軸方向に長さ400～600mの箱状・尾根状の
ブロック（移動体A～F）が5列以上並行し
て分布する．これらの並行する凹凸地形群の
発達は，平坦なすべり面上を岩体が分断され
ながら下方に移動していく現象，すなわちブ
ロックグライド（block glide）が発生してい
るものと判断される．このようなブロックグ
ライドの発生は，日向集落の位置する段丘面
よりも河床高度が遥かに高い時期に，大倉川
の側方侵食によって斜面が不安定化したこと
を示している．しかし，独立標高点450より
南側では比高20m以下のリッジと線状凹地
が数列繰り返され，やがてその地形的繰り返
しが不明瞭となる．日向周辺の末端部では，
地すべり地形の開析が進んでいるものと考え
られる．
　一方，三角点540.4から西延長部では曲率
の緩やかな弧状の滑落崖（a-b）が形成さ
れ，その前面に比高10m以下のリッジや線
状凹地が並行して発達している．ここでは，
大倉牧場付近のブロックグライド地形を切っ
て落ち込むように発達していることから，新
たな後方回転運動を伴うような滑動が発生し
ているものと考えられる．

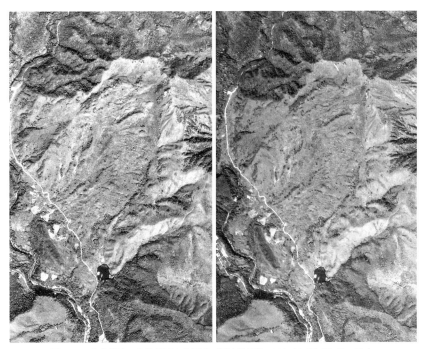

図 2.19　定義付近の実体視用空中写真（国土地理院，TO-69-9Y C7-22，23．）

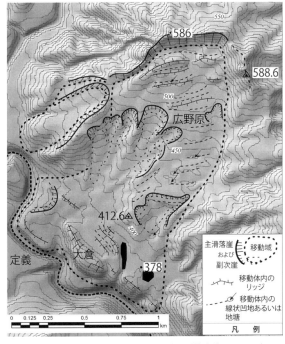

図 2.20　定義付近の地すべり地形学図（等高線間隔 10 m）

2.4.3　青森県南八甲田・赤倉岳東面の蔦川地すべり地形

　第四紀の火山である赤倉岳の南面および北面には，火山噴出物からなる滑らかな斜面が広く分布する．一方東面には，火山噴出物の堆積面を断ち切るような遷急線の下位に，比高 500 m 以上の馬蹄形状滑落崖が幅 1,000 m にわたって発達する．そして滑落崖基部から

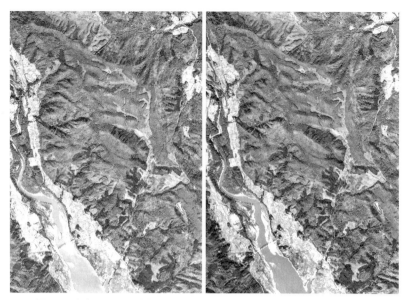

図 2.21　大倉ダム北側の実体視用空中写真（国土地理院，TO-69-9Y C7-22，23）

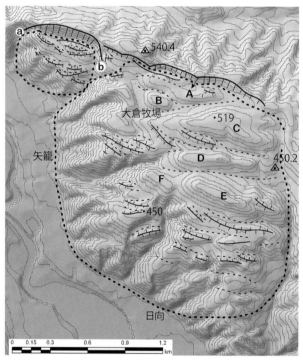

図 2.22　大倉ダム北側の地すべり地形学図（等高線間隔 10 m）
凡例は図 2.17 および図 2.20 と共通.

東側には，周辺斜面に比べて緩やかな傾斜の
凹凸に富む斜面が 6 km 以上にわたって続
く．滑落崖と移動域の規模から見て 10 億 m³
クラスの大規模地すべり地形である（図

2.23）．
　移動域には，火山体の山体崩壊に特有な流
山地形的な小丘群の発達は認められない．そ
の地形概観からは，1 回のイベントで発達し

たものであるように見える．しかし，空中写真判読（図2.24）から，主滑落崖の発達方向，移動体内部の遷急線の分布，開口亀裂・線状凹地の分布からその発達過程が複雑であることがわかる（図2.23）．地すべり頭部の主滑落崖は，連続性を欠いて曲率の大きないくつかの弧状のセグメント，すなわち，b-c，c-赤倉岳-d，d-e-f に分かれている．それらの滑落崖に対応した移動体C1，C2，C3がそれぞれ舌状に張り出している．これらの移動体は，本地すべり地形の主たる移動体A，Bに対して極めて小規模であることから，移動体Aに対応する滑落崖は，当初 a-b-g-h を結ぶあたりに存在し，その後，変動移動域が上部に波及したことで形成されたものと考えられる．移動体Aは，m-n-o-p-z-q

を結んだ位置にある遷急線で移動体Bと分割されている．移動体B内部には，副次的に発達したと見られる遷急線，滑落崖，線状凹地が多数認められる．このため，移動体Aに比べ移動体Bは，地表がより小さな波長や段差で凸凹し分断されている．主滑落崖を含む南北成分の滑落崖に対して，移動体B内部ではそれらに直交する西北西-東南東方向に小崖（例えばj-k，t-u，u-v，w-x，y-zなど）が発達することから，移動体Aから分離した移動体Bが東に移動しながら，移動体内で北に広がるような動きが起きたことが考えられる．移動体B中央にある蔦沼も，そのような南北方向の展張力で形成された陥没凹地と考えられる．移動体C5は，蔦沼に突入するように発達することから，蔦沼を形

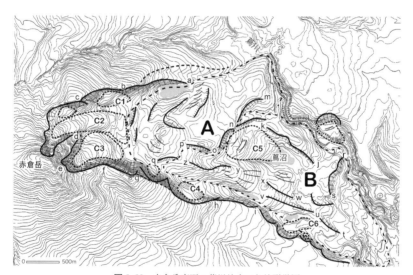

図2.23 赤倉岳東面の蔦川地すべり地形学図
大規模地すべり地形であるが一度に形成されたものではなく，冠頂部では後退性滑動，末端では前進性滑動が発生している．

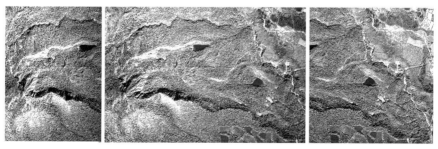

図2.24 南八甲田・赤倉岳東面の実体視用空中写真（国土地理院，TO-70-6Y C2B-17，18，19）

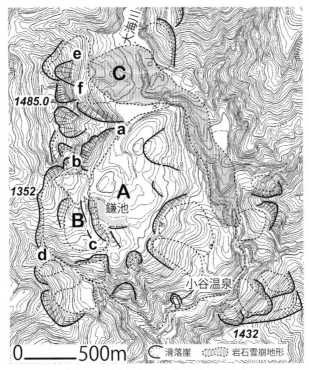

図 2.25　小谷温泉周辺の地すべり地形学図

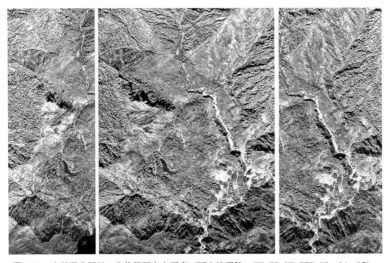

図 2.26　小谷温泉周辺の実体視用空中写真（国土地理院, CB-73-2X C5B-13, 14, 15）

成した北へ開くような動きの後, 遷急線 n-o より下位斜面が波及的にすべり落ちた. 蔦川に接した移動体 B の末端では, さらに変位が進行し, 新たな遷急線・滑落崖（例えば r-s）が形成されている. なお, 滑落崖（a-b）の北側には, それに並行する尾根（b-l）が認められる. この大規模地すべり地形の初成

的な動きで形成された滑落崖の一部である可能性もある.

2.4.4　長野県小谷温泉周辺の地すべり地形

北部フォッサマグナに位置する姫川水系中谷川最上流部の独立標高点 1352 から小谷温泉にかけての山域は, 谷底から 350～400 m

上位の鎌池付近を移動体上面とした腰掛け的な地形を呈することから地すべり地形と認定される（図2.25）．その規模は最大比高800m，移動体の最大幅1,500m，奥行き2,000mと大規模である．しかし，1/20,000空中写真判読により（図2.26），この大規模地すべりの移動体はいくつかの領域に区分でき，また，複雑な発達過程を経てきたことを明らかにできる（図2.25）．移動体Aの広がりから見て，この地すべり地形は滑落崖（a-b）から鎌池を結ぶ線の東側の斜面がすべり落ちたものと判断される．しかし，初成的地すべりの滑落崖の位置は，滑落崖（a-b）と同じ曲率で延長すれば鎌池背後のcに至る位置にあったと考えられる．すなわち初成的な地すべり発生後，その滑落崖上部に波及的な地すべりが，滑落崖（b-独立標高点1352-d）直下に発生し，移動体Bを含むエリアが副次的な地すべりを伴いながら東側にすべり落ちたと考えられる．一方で，鎌池を頭部とする移動体Aは大海川を東側に押し出すように移動した後，末端部が大海川による下刻に伴い副次崖を形成しながら変位している．

独立標高点1352東側の大規模地すべりとは別に，その北側の三角点1485.0東側の斜面にも比高400mの急崖が発達し基部に緩やかな地形面が認められる．図中の移動体Cは滑落崖（e-f）に対応するもので，単に滑落崖基部に分布するだけでなく，岩石なだれとして大海川河谷に沿って流下した．この岩石なだれは，大海川河谷内に流路に並行な尾根状の高まりを形成し，途中で支谷を閉塞しながら小谷温泉の500m上流まで到達している．以上から，空中写真判読によって小谷温泉背後の地すべり地から地すべりの発達を段階的に追えるとともに，多様な発生・移動様式を明らかにできる．

2.4.5　新潟県松之山温泉湯本付近の地すべり地形

東頸城丘陵南部には，中新世の海成堆積物や火砕流起源の凝灰岩層が分布し，海抜高度400〜700mの小起伏の丘陵を切って地すべり地形が多数発達する．その1つが大松山（図2.27）南側から越道川に至る地すべり地形で，明治期から昭和期にかけて活動したことが知られている（井上，1971）．本項ではこの地すべり地形を松之山温泉湯本付近の地すべり地形と呼ぶことにする．この地すべり地形の空中写真（図2.28）の判読結果から，大松山の南側のa-b-c-d-f-g-h-iを結んだ位置に，比高50〜70mの主滑落崖が3km以上にわたって連続することがわかる（図2.27）．この主滑落崖は，二次的な変形を受け，より曲率の大きな弧状の滑落崖（c-三角点738.1-fおよび三角点738.1-e-g）が上部に波及的に発達する．主滑落崖の東側には凹凸のある移動体が分布するが，比高50m程度の副次的な滑落崖（l-mおよびn-o-p）によって高度的に分化している．主滑落崖直下の移動体Aは，南北方向に並行する長細いリッジ（例えばj-kおよびl-m）とその間の凹地から構成され，ブロックグライド的動きを示している．副次滑落崖l-mおよび副次滑落崖n-o-p-qに挟まれた移動体Bは大松山大池のような凹地や東西成分の浅い谷が入るが，尾根頂部で平坦面が残される緩やかな起伏の台地状地形を呈する．より東側の副次滑落崖n-o-p-qと独立標高点622から地点v，uを結ぶ線に囲まれた領域は，r-s，s-tなどの長さ100m以下の短い小崖によって分断されたり，樹枝状に入る開析谷の谷頭がスプーン状の凹型斜面を呈することから谷底物質が緩やかに移動している状況が読み取れる．さらに，t-uから南側には，越道川河谷に向かって移動体が舌状に押し出している．

以上のような判読結果から，松之山温泉湯本付近の地すべり地形の発達過程を検討すれ

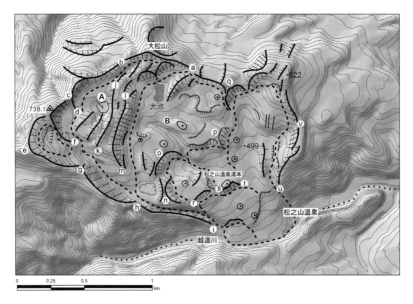

図 2.27　松之山温泉周辺の地すべり地形学図（等高線間隔 10 m）

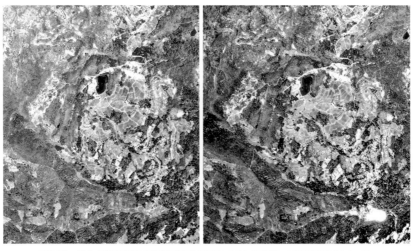

図 2.28　松之山温泉周辺の実体視用空中写真（国土地理院　MCB682X C4-1, 2）

ば以下のようになる．すなわち，本地すべり地形は a-b-c-d-f-g-h-i を結んだ線より東側の斜面が東方向にブロックグライド的に移動した．したがって少なくとも移動体 A のすべり面は平滑な流れ盤であることが予想される．主滑落崖を冠頂部とした地すべりの素因としては，松之山温泉から北に湯本を経由して独立標高点 499 に続く谷の発達によって，末端を侵食されたことで斜面の不安定化が進んだことが考えられる．そして，地すべり活動が継続することで，副次崖 l-m を境として移動体 B の分化が起こり，さらに副次崖 n-o-p より下位の土塊がすべり落ちた．粘性化した移動体は越道川河谷に流れ込み松之山温泉付近にまで押し出した．

2.4.6　高知県加奈木崩

　室戸市佐喜浜川最上流部の野根山から南西に続く分水稜線東側直下に比高 10〜15 m の小急崖が連続し，その東側に 5 度程度の緩斜

面が7万 m^2 程度の広がりで階段状に残る（図2.29，図2.30）．図2.30のa-b-c-f-h-j-i-g-d-標高点978で囲まれた領域の緩斜面内には，上述の小急崖にほぼ並行し北東-南西走向で連続する逆向き小崖地形や線状凹地群および閉塞凹地が多数発達している（図2.29，図2.30）．これらの微地形は，急斜し

た砂岩・泥岩互層が岩盤クリープやそれに引き続くトップルなどの重力性山体変形によって発達したものである（Chigira, 1992；千木良，1998）．この緩斜面の南西縁部は江戸時代の宝永地震（1707年）あるいは1746年の豪雨に伴って大規模に崩壊し，加奈木崩として知られている．

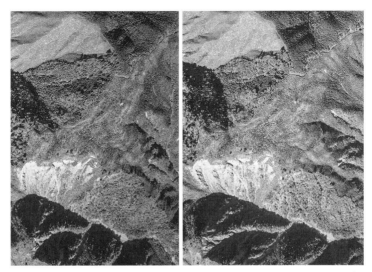

図2.29 加奈木崩上部の緩斜面と重力変形（国土地理院，CSI-75-13 C19A-14, 15）

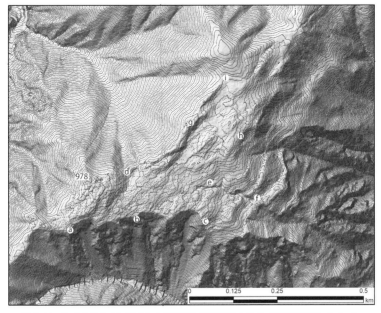

図2.30 加奈木崩上部に残された緩斜面と線状凹地の分布（等高線間隔：2.5 m）
点線部が線状凹地．

2 m グリッド DEM（佐藤ほか，2020）から作成された 2.5 m 等高線間隔の起伏陰影地形図上に，空中写真判読で抽出した線状凹地群には連続方向から 2 つの系が認められる．それらは，全域に認められる北東-南西走向のものと，それらに斜交するように緩斜面南縁部に発達する西北西-東南東走向あるいは西南西-東北東走向のものである．前者は地質構造に沿ったものと考えられる．後者は加奈木崩冠頂部の遷急線（a-b-c）に沿った位置から背後の d-e までの領域に現れることから見て，地質構造を反映した重力山体変形を切って佐喜浜川最上流部谷頭（南）方向へ引きずられるような動きが新たに生じていることを示す．

以上のように，地すべり地形の空中写真判読では，主要な遷急線・滑落崖を読み取ることに加えて，移動体を分化させる地表の副次的な変形を捉えることで，地すべり様式のみならず変位の順序や発達過程を明らかにできる．

2.5　空中写真判読による 地すべり地形の評価

上述のとおり，地すべり地形分布図は，地すべり現象に特有な滑落崖や，移動体表面に形成された微小な変位などの地表形態を空中写真判読から総観として読み取り，地図上に表現したものである．過去の地すべり現象の痕跡である地すべり地形は，当初の発生時点で，地すべり移動体の推進力と堆積域での抵抗力が均衡した場所で停止・安定化し現在に至っている．しかし，移動体内部の地下水位上昇による抵抗力の減少，末端での河川による侵食，地震による推進力の付加あるいは人為活動，すなわち末端部の開削や頭部における構造物構築による載荷で再活動する．このため地すべり地形の再活動の可能性を知るため，防災科学技術研究所によって過去に発達した地すべり地形が全国をカバーするように

空中写真を用いて判読され，地すべり地形分布図としてウェブサイトで閲覧やダウンロードも可能となっている（図 2.31；防災科学技術研究所，2014）．しかし示された数多くの地すべり地形群のうち，どの地すべり地形がより活動しやすいかという susceptibility の高低を示してはいない．

同地すべり地形分布図では，主滑落崖と副次崖および移動域が記されているほかに，主滑落崖の明瞭さ・開析の度合いで異なるシンボルで表記されている．これは，地形発達的に開析の度合いで新旧を区分し，旧期のものほど長期にわたって活動的でなかったことを示している．この考え方は，$10^3 \sim 10^4$ 年スケールで進む山地の，地形発達における地すべりのクロノロジーを考える際には重要な概念である．

防災科学技術研究所による地すべり地形分布図作成作業が一区切りを迎えようとしていた 2000 年代初頭，空中写真判読から地すべり地形の再活動性を判断しようとする試みが始まった（濱崎ほか，2003；Miyagi *et al.*, 2004；第 3 章参照）．なぜなら活動中の地すべり移動体表面には，植被の乏しい小崖やクラックなどの微地形が多数発達する一方で，地すべり地形の中には深い植生に覆われたり，滑落崖・冠頂部も丸みを帯びて時間の経過を示すような事例も多くあるからである．このような地すべり変動によって形成された微地形の形態や空間的連続性を観察することは，空中写真判読の最も得意としている点である．したがって，現在活動中あるいは活動直後の地すべり地形の判定に滑落崖の明瞭さが 1 つの指標として採用された．これは地すべり移動体を分化させる副次的な滑落崖など表層の微地形の明瞭さと合わせて地すべり地形の再活動性の高さ，すなわち susceptibility を示す要素の 1 つと考えられた．しかし本来，地すべりの将来の活動性は，移動体の持つ推進力と抵抗力の大小関係で表されるこ

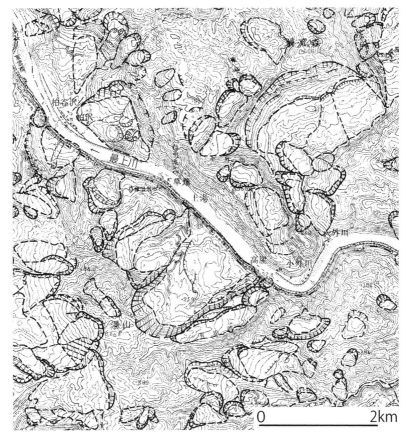

図 2.31　最上峡周辺の地すべり地形分布図（防災科学技術研究所，1982）
滑落崖の凡例は，その開析の度合いに応じて異なり，明瞭なものほど冠頂部が連続的な実線で表現されている．

とから，滑落崖や微地形の明瞭さのみでは左右されない．地すべり地形の再活動性を空中写真判読から読み取れる地形的特徴から判断するとすれば，推進力をもたらす移動体末端の断面形状や抵抗力を減少させる移動体末端の侵食されやすさを空中写真判読で観察し，それらをそれぞれ得点化することで全体のsusceptibility を判断する方向性が見えてきた．もちろんその際も，最近の活動史も無視できないことから，移動体表面の微地形の明瞭性も考慮すべきことはいうまでもない．

〔八木浩司〕

文　献

防災科学技術研究所（1982）．5 万分の 1 地すべり地形分布図「清川」，防災科学技術研究所研究資料，第 69 号，第 1 集「新庄・酒田」．

防災科学技術研究所（2014）．地すべり地形分布図デジタルアーカイブ．https://dil-opac.bosai.go.jp/publication/nied_tech_note/landslidemap/

Chigira, M.（1992）．Long-term gravitational deformation of rocks by mass rock creep. *Engineering Geology*, **32**（3）, 157-184.

千木良雅弘（1998）．加奈木崩れの崩壊機構と生産土砂量．平成 10 年度砂防学会研究発表会概要集，pp.16-17.

古谷尊彦（1980）．地すべりと地形．地すべり・崩壊・土石流―予測と対策―（武井有恒監修），鹿島出版会，pp.200-209.

濱崎英作・戸来竹佐・宮城豊彦（2003）．AHP を用いた空中写真判読結果からの地すべり危険度評価手法．第 42 回日本地すべり学会研究発表会講演集，pp.227-230.

Highland, L. M. and Bobrowsky, P.（2008）．*The landslide handbook―A guide to understanding landslides*, Reston, Virginia, U.S. Geological Survey Circular 1325.

井上公夫（1971）．東頸城丘陵東部松之山町の地すべり地形．昭和 45 年度東京都立大学卒論．

貝塚爽平・太田陽子・小疇　尚・小池一之・野上道男・町田　洋・米倉伸之編（1985）．写真と図でみる地形学，東京大学出版会．

Miyagi, T., Gyawali, B. P., Tanavvid, C., Potichan, A. and

Hamasaki, E.（2004）. Landslide risk evaluation and mapping—Manual of aerial photo interpretation for landslide topography and risk management —, *Report of the National Research Institute for Earth Science and Disaster Prevention*, **66**, 75-137.

大八木規夫（2004）．地すべり現象の定義と分類．地すべり—地形地質的認識と用語—（日本地すべり学会地すべりに関する地形地質用語委員会編），日本地すべり学会，pp.1-13.

佐藤　剛・八木浩司・木谷一志・千田良道・廣田清治（2020）．室戸半島，野根山街道の岩佐関所遺跡の立地と重力性山体変形地形．日本地すべり学会誌，**57**（1），19-23.

Varnes, D. J.（1978）. Slope movement types and processes. In Special Report TRB, NRC 176：*Landslides：Analysis and control*（Schuster, R. L. and Krizek, R. J. eds.），National Academy of Sciences, Washington, D. C. pp.11-33.

Yagi, H.（2001）. Landslide study using aerial photographs. *Landslide hazard Mitigation in the Hindu-Kush Himalayas*（Li, T., Chalise, S. R. and Upreti, B. N. eds.），International Centre for Integrated Mountain Deveropment, Kathmandu, Nepal, pp.79-87.

八木浩司（1990）．白神山地における第四紀後期の隆起・解体による地形景観の形成．掛谷　誠編「白神山地ブナ帯域における基層文化の生態史的研究」平成元年度科学研究費補助金（総合 A）研究成果報告書，pp.47 66.

地すべり地形読図の階層化と 定量化の試み

3.1 AHP 法導入の経緯

　1990 年代初頭，その頃，働き盛りであった筆者ら若手・中堅地すべり技術者・研究者の何人かは，尊敬するベテラン技術者や大先生たちが説明する「この地すべりは危ない」「これは大丈夫．動かない」などの，神のお告げのような言葉に「何故そのような判断ができるのか……?」と，もがき悩んだ．実際のところ，その判断の多くが当たっているケースが多かったためぐうの音も出ない．しかし我々若手・中堅技術者はどうしてもその理屈・原理を知りたいと願った．また当時，地形判読手法にある一定の評価を与えつつも，地すべり範囲の抽出を空中写真判読に頼る手法に懐疑的な技術者も多くいて，地形判読技術は地すべり技術の中で相対的に，まだまだ大きな地位が与えられていなかったように思う．

　そのような中，日本地すべり学会（当時）の東北支部では，支部創立 5 周年事業として，1992 年に技術者の活用マニュアル『東北の地すべり・地すべり地形』を刊行した．東北地方の地すべりエリアと土木地質図を重ねつつ，地すべりにおける空中写真判読の重要性を説いたものだった．その一方で，国立防災科学技術センター（現国立研究開発法人防災科学技術研究所；NIED）では，日本全土の地すべり地形を空中写真判読によって抽出する作業がなされていた（1981～2014 年）．

　以上を背景に，同学会東北支部では，2001～2005 年の計 5 年において，岩手，宮城両県

を題材に「空中写真を用いた地すべり発生危険度の定量的手法」という委員会・検討部会を立ち上げることになった．このときのスポンサーは岩手県，宮城県である．両県では，地すべり事業の優先度をつける方法に何らかの手立てが必要であると模索していた時期だったこともあり，この委員会の立ち上げに快く賛同をいただいた．それぞれ岩手県で 2001～2002 年，宮城県で 2003～2005 年の期間である．

　他方，ほぼ同時期に同学会本部においても，国土交通省の依頼に基づいて「第三系分布域の地すべり危険箇所調査手法に関する検討委員会」が立ち上がり，阿賀野川中流域の地すべり危険度調査手法について研究が進められた．

　これらの検討部会，委員会においては「ベテラン技術者が持つ，地すべり危険度の目のつけどころ（暗黙知）をあぶり出しながらそれらを得点化していく（形式知）手法」として AHP 法が採用された．この AHP 法は判定アイテムの若干の変更を経て北海道立総合研究機構地質研究所ほかの「地すべり活動度評価手法マニュアル（案）」に活かされた．また海外では SATREPS（地球規模課題対応国際科学技術協力プログラム）の支援システムを受けつつ，クロアチアやベトナムなどでの地すべり危険度判定システムにおいても応用発展を遂げていった．

3.2 AHP 法

　AHP（analytical hierarchy process，階層

分析）法は 1976 年に米国ピッツバーグ大学の Thomas L. Saaty が提唱した意思決定手法である．AHP 法の最大の特徴は「判断基準となる項目間の相対的な影響力の強さを測定できる」ことであり，最大の利点は「曖昧な判断基準を明確に定量化してみせる」ことである．

　具体的には，課題をレベル 1「最終目的」-レベル 2「評価基準」-レベル 3「代替案」の要素に分解し，各要素を階層化して把握し，同レベルにある要素の一対比較により各要素のウェイトを決定して，それらに基づく総合点数によって意思決定などを支援するシステムである（図 3.1）．わかりやすくいえば，「いくつかの候補の中から最良のものを選ばなければいけないとき，いくつかの項目で一対比較し，勘や直感などを取り入れつつ合理的な決定を促す方法」である．

　この手法の特徴は，①各要素の評価が主観的な評価基準によるため，対立する概念や尺度の違う要素も比較できる，②一対比較を用いるため評価が簡単であり，全体を通しての重要度は「結果的に」得られる，③数量的な手法であるためほかの案と定量的に比較できる，④ある要素の全体に及ぼす影響力や，判断の整合性が確認できる，などである．

　方法は至極簡単で，キーワードは「一対比較」と，その「重みづけ」だけである．Excelなどの表計算プログラムを使うと，慣れればものの 1 時間ほどで最良の決定案（AHP では代替案と呼ぶ）を選定することができる（図 3.2）．

　AHP 法の重みづけの代表的な手法としては Saaty が提案した固有ベクトル法があげられるが，簡便には表計算が楽な幾何平均法，調和（算術）平均法などを用いることも多い．固有ベクトル法は固有値 λ と一対比較行列 A に対し固有方程式 $Aw = \lambda w (w \neq 0)$ を解いて重要度 w を計算する方法で，比較行列 A の意味の理解や応用性では固有ベクトル法が優れているといわれる．しかし，幾何平均法（Gm）と固有ベクトルのウェイト差は多くの場合小さいことや，Excel などに組み込むのが容易いこともあり，幾何平均法（式 3.1）で紹介する事例も多い．

$$Gm = \left(\prod_{i=1}^{n} Xi \right)^{1/n} \qquad (3.1)$$

　また，Saaty はモデルの整合性を計る指標として整合度（CI：consistency index）を提案している．

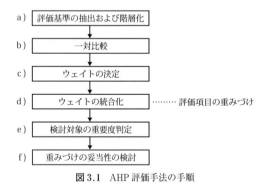

a) | 評価基準の抽出および階層化
b) | 一対比較
c) | ウェイトの決定
d) | ウェイトの統合化　………評価項目の重みづけ
e) | 検討対象の重要度判定
f) | 重みづけの妥当性の検討

図 3.1　AHP 評価手法の手順

階層図

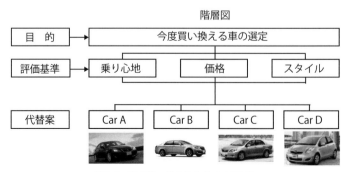

目　的 → 今度買い換える車の選定

評価基準 → 乗り心地　価格　スタイル

代替案　Car A　Car B　Car C　Car D

図 3.2　車を買い換えるときの AHP 法

式 は $CI = (\lambda_{\max} - n)/(n - 1)$ で，$\lambda_{\max}$ は 一対比較行列の主固有値で，n は代替案の数である．完全に成り立っている条件であれば式は 0 で，まったく成り立っていなければ正の値をとる．経験的には $CI < 0.1$ であれば整合性はあるといわれている．

AHP 法の有名な適用事例は多い．例えば 1996〜1997 年のペルー日本大使公邸人質事件では，Saaty がペルー当局からの依頼で，政府のとるべき行動を AHP 法を使い検討したといわれている．また，日本では 1996 年，国会等移転審議会などで 10 候補地の中から「栃木・福島地域」「岐阜・愛知地域」を選定し答申したときにも使われている．

Saaty が提案したもともとの AHP 法は AHP 相対評価法（AHP relative measurement method）であり，評価基準の一対比較ばかりでなく，代替案どうしの一対比較が必要であった．しかしながら，地すべり地形のように無数にある代替案すべてを一対比較することは生産的ではない．そこで，基準となる代替案を作り，その一対比較で項目ごとの配点を置けば，対象となる地すべりは，その選ばれた明確な基準代替案だけに対しての一対比較だけでよい．これを AHP 絶対評価法（AHP absolute measurement method）という．結果として，対象となる代替案は，あらかじめ設定された項目の中で明解なウェイトが与えられることになる．

3.3 例題による AHP 法意思決定

AHP 法の相対評価法と絶対評価法，それぞれの手法について例題で示す．

3.3.1 相対評価法

図 3.2 に示した「車を買い換えるとき」を例題に階層図で見ると，「車を買い換えるとき」が意思決定すべき最終目的である．ここで，評価基準は「乗り心地」「価格」「スタイ

ル」としてみる．対称車種は，A 車，B 車，C 車，D 車の 4 車種である．このとき，比較する案を「代替案」と一般に呼んでいるが，「比較案」と読み替えることも可能であり，この方がわかりやすい人はそう呼んで結構である．

表 3.1 は一般的な相対評価法の手順である．

（1）まず評価基準の「乗り心地」「価格」「スタイル」について一対比較を行う．一対比較は表 3.1a に示すようなマトリックスに置き換える．このとき対角を挟んでそれぞれに一対比較していく．Saaty の一対比較で使うウェイトの表 3.1b には比較のためのルールがある．

①同じ項目どうしは「同じ＝1」である．

②横に見ていくとき「乗り心地」が「価格」に比べて 3 倍重要と考えたら「3」となる．

③そのとき対角線項目は「価格」を「乗り心地」と比較するとき①の逆数で 1/3 となる．

④比較度合いに応じて表 3.1b に示すように 3，5，7（逆は 1/3，1/5，1/7）とする．なお，時として 2，4，6 の偶数も許されるが，一般には奇数を用いている．

⑤評価基準 3×3 のすべての比較が終わったら，それぞれの項目についてここでは幾何平均法を用いてウェイト化する．図に沿えば，「乗り心地」＝$(1×3×5)^{1/3}$＝2.466 となる．

⑥それぞれの幾何平均値がまとまったら，全体の和が 100 となるように調整する．

これが，評価基準のウェイトになる．ここではこれをウェイト a とする．

（2）次に「乗り心地」「価格」「スタイル」それぞれの評価項目に対して，検討車種（代替案）どうしの一対比較（表 3.1c，d，e）を行う．評価の仕方は評価基準のウェイト a を出す手順と同じである．例えば，乗り心地で A 車は C 車に対して少しばかり良いとしたら，A 車に 3，対角線の C 車に 1/3 を与え

表 3.1　AHP 計算方法の事例（車の買い換え）

a

	乗り心地	価格	スタイル	幾何平均	ウェイト a
乗り心地	1	3	5	2.466	64
価格	1/3	1	3	1.000	26
スタイル	1/5	1/3	1	0.405	10
				3.872	100

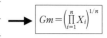

$$Gm = \left(\prod_{i=1}^{n} X_i \right)^{1/n}$$

b　　1：両方の項目が同じくらい重要（逆も 1）
　　　3：行の項目の方が列の方より少し重要（逆は 1/3）
　　　5：行の項目の方が列の方より重要（逆は 1/5）
　　　7：行の項目の方が列の方よりかなり重要（逆は 1/7）

c

乗り心地	Car A	Car B	Car C	Car D	幾何平均	ウェイト b	a×b
Car A	1	2	3	3	2.060	0.44	28.0
Car B	1/2	1	3	3	1.456	0.31	19.8
Car C	1/3	1/3	1	2	0.687	0.15	9.3
Car D	1/3	1/3	1/2	1	0.485	0.10	6.6
					4.688		sum＝63.7

d

価格	Car A	Car B	Car C	Car D	幾何平均	ウェイト b	a×b
Car A	1	1	1/3	1/3	0.577	0.13	3.2
Car B	1	1	1/2	1/3	0.639	0.14	3.6
Car C	3	2	1	1/2	1.316	0.29	7.4
Car D	3	3	2	1	2.060	0.45	11.6
					4.592		sum＝25.8

e

スタイル	Car A	Car B	Car C	Car D	幾何平均	ウェイト b	a×b
Car A	1	1	3	7	2.141	0.42	4.4
Car B	1	1	3	5	1.968	0.39	4.0
Car C	1/3	1/3	1	1	0.577	0.11	1.2
Car D	1/7	1/5	1	1	0.411	0.08	0.8
					5.097		sum＝10.5
							sum（all）＝100.0

る．

　ここで，検討車ごとの一対比較による評価項目内のウェイトをウェイト b とする．結果として検討車の中での評価点数はもともとある評価ウェイト a とその車が持つほかの車との相対評価ウェイトである b との積（a×b）が真のウェイトとなる．

　（3）すべてのウェイトが求まったら，それぞれの検討車種（代替案）ごとの 3 つの評価基準ウェイトすべてを合計する．なお，このとき評価の合計点はすべてを足して 100 点と

なるようにウェイト調整されたものである．結果的に，以下が代替案ごとの評価点 AHP 評価点）となる．

　A 車：乗り心地（28.0）＋価格（3.2）＋スタイル（4.4）＝36
　B 車：乗り心地（19.8）＋価格（3.6）＋スタイル（4.0）＝27
　C 車：乗り心地（9.3）＋価格（7.4）＋スタイル（1.2）＝18
　D 車：乗り心地（6.6）＋価格（11.6）＋スタイル（0.8）＝19

上記より，この例題では A 車が最も高い評価点の 36 点を得ることから「A 車」が決定案となる．これが，意思決定を図る当該者の「車を買い換えるとき」の最終結果となるが，この場合，あくまで「当該者」の判断基準であることに注意せねばならない．つまり，人によっては違う判断基準を持つことがあるということである．例えば，ある人の最重要要件が価格だと，そのウェイトの順位は「価格」>「乗り心地」>「スタイル」などとなる．

ただ，この AHP 相対比較法については，次の 2 つの欠点がある．

①比較すべき代替案の数が少ないときは問題ないが，比較すべき案が多いときは煩雑となる．

②一旦，決まった後に代替案の項目が増加すると最初からすべての一対比較をやり直す必要があり，当初に作られた代替案ウェイトの順位がまれに逆転するような場面が生じたりする．

3.3.2 絶対評価法

絶対評価法は，一対比較で求めた評価基準のウェイトを共通の尺度値として実施する方法である．基本は，評価軸の一対比較によるウェイトの計算ステップ 1 は相対比較法と同様に行うが，ステップ 2〜3 の代替案については，各項目の評価軸において，それが重要度の中でどこに位置するかを判断するための物差しを構築する意味で代表値のいくつかを

一対比較で代用する．3.3.1 項の「車を買い換えるとき」を考えてみる．

評価軸の一対比較によるウェイトは同じである．すなわち，すでに評価すべき項目どうしでは「乗り心地＝最大 64 点」「価格＝最大 26 点」「スタイルは最大 10 点」の評価点を基本として持っている．

さて，「乗り心地」や「スタイル」のような定性的なものについて絶対評価を与えるためには，その評価軸のスタンダードとなる「明確に比較できるいくつかの代替車」を用意することが重要である．先に示した A〜D 車を用いてもよいし，もっとわかりやすいものがある場合，それを使えばよい．ここでは，前述の A〜D を用いてみよう．さて，前述した一対比較の「乗り心地」のウェイト b で見れば，A=0.44，B=0.31，C=0.15，D=0.10 である．これを最もスコアの大きい A=0.44 を最大値 1.00 として再計算すれば，それぞれの比率は

$$A = 1.00 \quad (= 0.44/0.44)$$
$$B = 0.70 \quad (= 0.31/0.44)$$
$$C = 0.34 \quad (= 0.15/0.44)$$
$$D = 0.23 \quad (= 0.10/0.44)$$

となる．ほか，価格も同様に見れば，D=1.00，C=0.64，B=0.31，A=0.29 で，スタイルは A=1.00，B=0.93，C=0.26，D=0.19 である．これを図 3.3 のチェックリストのように並べておいて，実際に対象とする代替案が示されたとき，それぞれの項目に並べられた A〜D の車どうしと比較しながら，

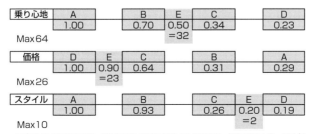

E 車の AHP スコアは 0.5×64＋0.9×26＋0.2×10＝32＋23＋2＝57点

図 3.3 計算方法の事例（車の買い換え）

ウェイトを決めていけばよい.

　例えば, 図3.3のようにE車が新たな代替案として浮上したとしよう. そのときこの代替案は, まず「乗り心地」の評価軸に並べられたA〜Dの中で, Bよりは下だがCより上だとすると, 0.34〜0.70の間にあることになる. ここでは0.5程度と直感するとしよう. すると「乗り心地」の評価点は64×0.5＝32点となる. 次に価格でDより少し高いだけであれば26×0.9＝23点, スタイルでDよりほんの少し上であれば10×0.2＝2点で合計57点である.

　さて, 指標となっているA〜D車も, 同様な評価で点数をつけ直せば, 100点満点として以下のようになる.

　　A車：乗り心地（64）＋価格（8）＋スタイル（10）＝82点

　　B車：乗り心地（45）＋価格（8）＋スタイル（9）＝62点

　　C車：乗り心地（22）＋価格（17）＋スタイル（3）＝42点

　　D車：乗り心地（15）＋価格（26）＋スタイル（2）＝43点

　したがって, 新たにつけ加えられたE車の57点はC, D車に比べると評価が高いが, B車にはやや劣るということになる. このように, 新たに多くの代替案が追加されても, 評価軸にある車との対比の中で点数の位置づけが明瞭となるため, 追加評価が極めて容易である.

3.4　暗黙知と形式知

　ここでは「暗黙知（tacit knowledge）を形式知（formal knowledge）に変える」ことについて考察する. まずは「人の顔と年齢」について考えてみる. さて, 人種・性別が同じであれば「あの人はおよそ30〜40歳くらいだ」「この人は20歳前後」など, 感覚的に判断できるだろう.

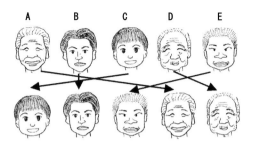

10歳台　20〜30歳　30〜60歳　70〜80歳　90〜100歳
図3.4　人の顔の年齢をAHPで考える

　おそらく, 自らの頭の中に, 身近な人たちの年齢と顔のスタンダードな評価軸があって, その評価軸の中で無意識に一対比較がなされているからと思われる. 実は, この無意識の評価軸こそが暗黙知にほかならない. 一方, それを決定する評価項目を抽出し, 前述の絶対評価のAHPのように一対比較しながら点数化する手法ができれば, これが暗黙知を形式知に変えることになる.

　もう少し具体的に整理してみよう. 図3.4の上段に示すのはランダムに並べた年齢の異なる人の顔であるが, これらを下の段のように歳の順位で並び替えるとき, その前後の人の顔を一対比較しながら入れ替えていけば大きくは間違わないが, このとき, この「歳を決める」感覚の判断基準を明らかにし, それを階層化してウェイト評価できれば, それはまさに「形式知」に通じる評価法となるはずである.

　そこで, 表3.2のように評価項目として「しわの数」「たるみ具合」「髪の毛の量」「肌のきめ・つや」を選定した. これを評価軸にしてAHP的な手法で筆者が独断で一対比較したものが表3.2である.

　結果的に幾何平均ウェイトは,「しわの数」「たるみ具合」「髪の毛の量」「肌のきめ・つや」のそれぞれに関する老年齢側での最高点はそれぞれ, 49, 29, 15, 7点となった. 上記のように設定した筆者独自の判断理由は, 以下のとおりである. ①しわの数やたるみ具合は明らかに年齢に比例しやすいが, 毛量は

表3.2 人の顔の年齢評価のための項目と一体評価

外見上の歳	しわの数	たるみ具合	髪の毛の量	肌のきめ・つや	幾何平均	ウェイト
しわの数	1	2	3	7	2.546	49
たるみ具合	1/2	1	2	5	1.495	29
髪の毛の量	1/3	1/2	1	2	0.760	15
肌のきめ・つや	1/7	1/5	1/2	1	0.346	7
					5.147	100

表3.3 人の顔の年齢評価のための項目と一体評価

顔から歳を当てる		D	A	E	B	C	新人F
評価項目	Maxウェイト	1.00	0.75	0.50	0.25	0.10	個別ウェイト
しわの数	49	49	37	25	12	4	×0.7＝34
たるみ具合	29	29	22	15	7	3	×0.7＝20
髪の毛の量	15	15	11	7	4	2	×0.5＝8
肌のきめ・つや	7	7	5	3	2	1	×0.5＝4
合計（≒歳）	100	100	75	50	25	10	66

年齢ばかりでなく遺伝形質に大いに起因することがある. ②きめ・つやはしわの数やたるみ具合とも関係し明瞭な認定が難しいこともある. したがって, 後の2つは, それが明らかに認められるときは補完的に判断ができる項目になると考え, 大きな配点は避けるものの判断要素としては残すべきである.

さて, これで得たウェイトをもとに, それぞれに最もスタンダードなケースを用意しておく. なお絶対評価に沿っての評価軸は, ここでは一対比較を省き簡便に設定する.

例えば, 「しわの数」がD（年齢100歳）を基準として, 「非常に多い＝1.0」とし, 「ほぼない＝0.1」をC（年齢10）とする. その間を「多い＝0.75, A（年齢75歳）」「中位＝0.5, E（年齢50歳）」「少ない＝0.25, B（年齢25歳）」と設定する.

このようにしておけば, 次に判定する人物のFについて, 表3.3のように, それぞれの項目で評価軸（標準人）との一対比較で位置取りが決まっていく. このような手順から

年齢不詳Fの推定年齢は66歳となり, 理屈に沿って「定量化」することができた. すなわち, このようなAHP作業を通して「暗黙知」を「形式知」にすることができた.

ここまでの説明で読者は, AHP法が意思決定システムであるとともに「暗黙知」を「形式知」にできるツールであることを理解されたであろう. つまり, これを応用して, 前項の最終目的である「人の年齢」を「地すべり危険度点数」に置き換え, 評価項目である4つの「しわの数」「たるみ具合」「髪の毛の量」「肌のきめ・つや」を地形に関連する評価要因に置き換えれば, 地すべりの危険度評価が可能となる.

具体的には, 後述するように, 地すべり地形判読の評価項目を専門家の知恵で階層化し, AHP手法に基づいて対応する項目を対象ごとに一対比較しつつ優劣を定量化する. そして, 専門家によってその評価軸ごとの点数を示すことができれば, より客観的な地すべり危険度の判断が可能となり, 多くの人の

理解の助けに繋がる汎用性の高い AHP 地すべり危険度評価法ができる.

3.5　代替手法はあるか？

では，AHP 法以外の手法，例えば数量化理論に則った統計的手法でも地すべり地形の危険度判定技術が可能となるのではないかという意見がある．これについては，以下 3 つの判断から，やはり AHP 法が最適と判断される.

（1）地すべり危険度手法を構築するに耐えうる質量ともに揃った分析用データは集めにくい．すなわち実際に地すべりが発生した現場の数量と地形，地質の判断要素などはすべての項目で揃うことなど極めて少ない．ちなみに，日本全国で発生した過去 10 年の土砂災害の発生件数が，およそ年 700～1,500 件（2007～2017 年）であり，期間最大の 2017 年は発生件数 1,514 件で，そのうち地すべり発生は 173 件（11%）にすぎない.

（2）経験豊かな地すべり技術者を集めることができても個人個人の専門分野がバラバラでは通常の統計手法（例えばアンケート方式など）になじまない．すなわち，地すべりの得意な分野や得意なエリアが微妙に異なったりして，普通の手法では評価軸を決めがたい.

（3）評価項目や評価軸決定には，経験者どうしのブレーンストーミングが欠かせないが，これは「通常の統計解析」よりは「品質管理手法」に通ずるもので，AHP 法の最も得意とするところである.

とはいえ，近年，AI 技術の発展とともに画像認識や音声認識などでの機械による深層学習（ディープラーニング）判別技術の進化がすさまじい．おそらく，近い将来，詳細な地形データの取得が増えていくに従い，ディープラーニングなどによる地すべり地形の抽出が可能になってくるかもしれない．しかしながら，ディープラーニングといえども，教師データとしての地すべり地形の精度や数量に依存するところが大きいので，あらかじめ用意した AHP 法による階層化の手助けが，やはり必要になってくると考えられる.

3.6　ブレーンストーミングの重要性

AHP の危険度判定手法作成に参画した関係者は，地すべりの専門技術者とはいえ，その専門性は多岐にわたり地すべり調査解析，計画，対策工立案設計などいくつもの得意分野が存在する．したがって，少数の専門家だけで評価項目を選定し，その判断基準を構築するのはリスクの大きい作業といえる．そこで 2001～2002 年（岩手県）での検討部会では東北各県の 10 名の専門家が，2003～2005 年（宮城県）での検討部会では 7 名の専門家が一堂に会してブレーンストーミングを実施した.

委員会・検討部会では，AHP 法を解析方法として採用することを決定し，100 事例以上の空中写真を互いに判読しつつ，直感や専門家自身の持つ判断要素や危険度判定結果をお互いに開示し協議した．それと並行して，地すべり微地形や周辺地形との重なりの中で重要な危険度判定要素を分類して階層化し形を作り上げていった．危険度ウェイトや判断に使うべきアイテムやカルテ（図 3.10，図 3.12 参照）などの骨格は岩手県の作業の中でおよそできあがったが，その後は実際の災害事例を用いて東北各地域での事例判読を重ねながら精度を高めていった.

なお，以上の検討部会での作業や実際のカルテ作成業務，若手のトレーニングの過程でわかったことは，微妙な危険度を有する地すべり判読にはばらつきが生じやすいことである．したがって危険度判定精度を上げるためには，同じカルテに対し 3 人以上の判読者が

判定を行うことが重要であると指摘された.

3.7 AHP 法の危険度判定評価基準と評価方法

　岩手・宮城県で構築された AHP による評価システムは，クロアチア・ベトナムで実施された SATREPS プロジェクトで改良された. ここではその評価基準を紹介する.

3.7.1 地すべり地形の定義

　地すべり特有の移動現象の過程では，その移動体が消滅するまでさまざまな形で特徴的な地形・微地形を形成し，地すべり発生領域では周辺の地形と異なる特有の「地すべり地形」を形成する.

　このような地形形成の成り立ちを踏まえ「地すべり地形」を「過去に地すべり滑動が発生した結果，周辺斜面から地形的に区分される範囲のうち，最も外側のもの（滑動の結果形成された微地形をすべて包含する範囲）」と定義する.

3.7.2 地すべり発生危険度の定義

　地震を除けば，日本国内で発生する地すべりの大半が過去の地すべりの再滑動である. このことを踏まえれば，まず最初に実施するべきは，地すべり地形を抽出することである. したがって，地すべり地形を認知できない初性的な地すべりは除外することになる（ただし抽出技術についてはここでは述べない）.

　ここで「地すべり発生危険度」を，3.7.1 項で定義した「地すべり地形」の中のどこかであり，かつ次の（再滑動を含む）地すべり現象が発生する可能性をいい，危険度評価の単位は現象の発生位置にかかわらず「地すべり地形」全体とする，と限定つきで定義する（ただし，不安定な部分が領域として小さく，かつ全体の地すべり破壊系列から外れる局所的現象の場合はこの限りではない）.

　また，以下の事項をつけ加える.

・人工改変等の人為的影響による地すべりの発生などは，地質の要因が大きく，評価の対象外とする.

・ここでいう「発生危険度」はあくまでも「発生しやすさ（susceptibility）」であって「発生規模」や「移動時の周辺への影響」の評価ではない.

・統一された危険度の基準を考えるにあたり，ほぼ同様の地質（物質構成）で似たような営力形成時期の場にあることを前提とする. したがって，あくまで地形形態のみで判断される危険度基準であり，地質特性や場の周辺環境で異なっていくため，それぞれの地域特性ごとに異なる AHP 判定があることを前提とする.

3.7.3 判読の範囲と各判読アイテムの地すべり地形内での位置

　以上のことから，判読の範囲も基本的に，3.7.1 項で定義された「地すべり地形」であり，その内部微地形と周辺環境であるといえる. このとき，地形で明瞭な岩盤クリープ等も考慮するが，基本的に参考程度とする. つまり，初生の岩盤クリープ等で地すべり危険度の判定を行うことは困難な場合が多いと認

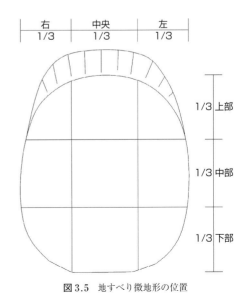

図 3.5 地すべり微地形の位置

識するからである.

　なお，判読ポイントが1つだけであるのはまれであり，むしろ複数存在することが多々ある．また，すべての項目が揃うこともまれである．ただし，安全側に判断する立場からは，仮に複数あるとき判読アイテム中でより不安定側アイテムに注目すべきである．図3.5に判読対象となった地すべり微地形の位置に関する定義を行った．すなわち，地すべりの長さ・幅について1/3ずつを区切って右，中央，左，上部，中部，下部とした．記載の位置は，これに従うこととする．

3.7.4　判読の視点

　図3.6に地形発達史の中で地すべり発生を理解するための図を示した．それは，造構運動（隆起や沈降）や汎世界的規模での第四紀海水準変動における侵食基準面の変化と，非常に小さいタイムスケールの中での風化・侵食・堆積プロセス，および突発的地震や集中豪雨時などによる地すべり変動を概念的に示したものである．

　また，図3.7に地すべり地形の変化プロセスとその指標となる微地形を示した．図のように地すべりの多くがその発生から終期までの間で，再滑動・活発期を経て，活動停止，解体などの過程を辿っているといえる（I，I-4）．もちろん，中にはそのまま再滑動もなく侵食にさらされ，移動体自体が消滅していくものもある（IV）．

　活発なものは，絶えず亀裂や圧縮などに伴う微地形が至るところで形成されたり，末端が細かくなって小さな地すべりに分化したりして，あたかも流動しているかのような微地形形状を示すことがある．このような「活発な地すべり」は当然のことながら「危険度」が高い．逆にガリーや侵食谷などが入り込んで自然に侵食解体されていくような地すべりでは，崖錐や沖積推ができたりシャープだった微地形がだんだん丸みを帯びたりして，長

期間地すべり再動がない状態が続く．その場合は不活性な地すべりと判断される．

　このように空中写真判読で観察可能な微地形を突き詰めていくと，いくつかの着目すべきアイテムが判明していく．それは先ほどあげた微地形であったり，地すべり形成場の環境（例えば，図3.9の河川の攻撃斜面を参照）であったりする．これらを抽出し分類整理して前述のAHP法を用いつつ，地すべり技術者どうしがブレーンストーミングを行い危険度手法に関する合意形成プロセスを経て，実用的な危険度判定用のカルテを作ることが重要である．

3.7.5　移動体を構成する微地形の名称と定義

　この危険度評価の際に用いる観察アイテム（微地形指標）について，その形態的特徴を以下のように定義し，写真判読の際の留意点を付記する．

a.　表層崩壊地形

　定義：地すべり移動体の一部に発生する表土（土壌層（C層を含む）の剥離・落下により形成された地形．また，ごく小規模なスランプ性の浅層地すべりも含む．

　判読の留意点：多くの場合，厚みを持たない削剥地形．新鮮なものは植生を欠く．

b.　亀裂

　定義：移動体内部に生じた引張性の応力により生じる割れ目．

　判読の留意点：地表面のシャープなキズとして，写真上では1本の筋（あるいは溝）として観察できる．

c.　副滑落崖

　定義：移動体内部の細分化の過程で生じた副次的なすべりに伴う崖地形．

　判読の留意点：地すべり地の「入れ子」として，地すべり移動体内部に生じる滑落崖と前面の移動体という地形的な関係が存在する．次の分離崖とは異なり，本微地形がすべり面を露出させることもない．このため，副

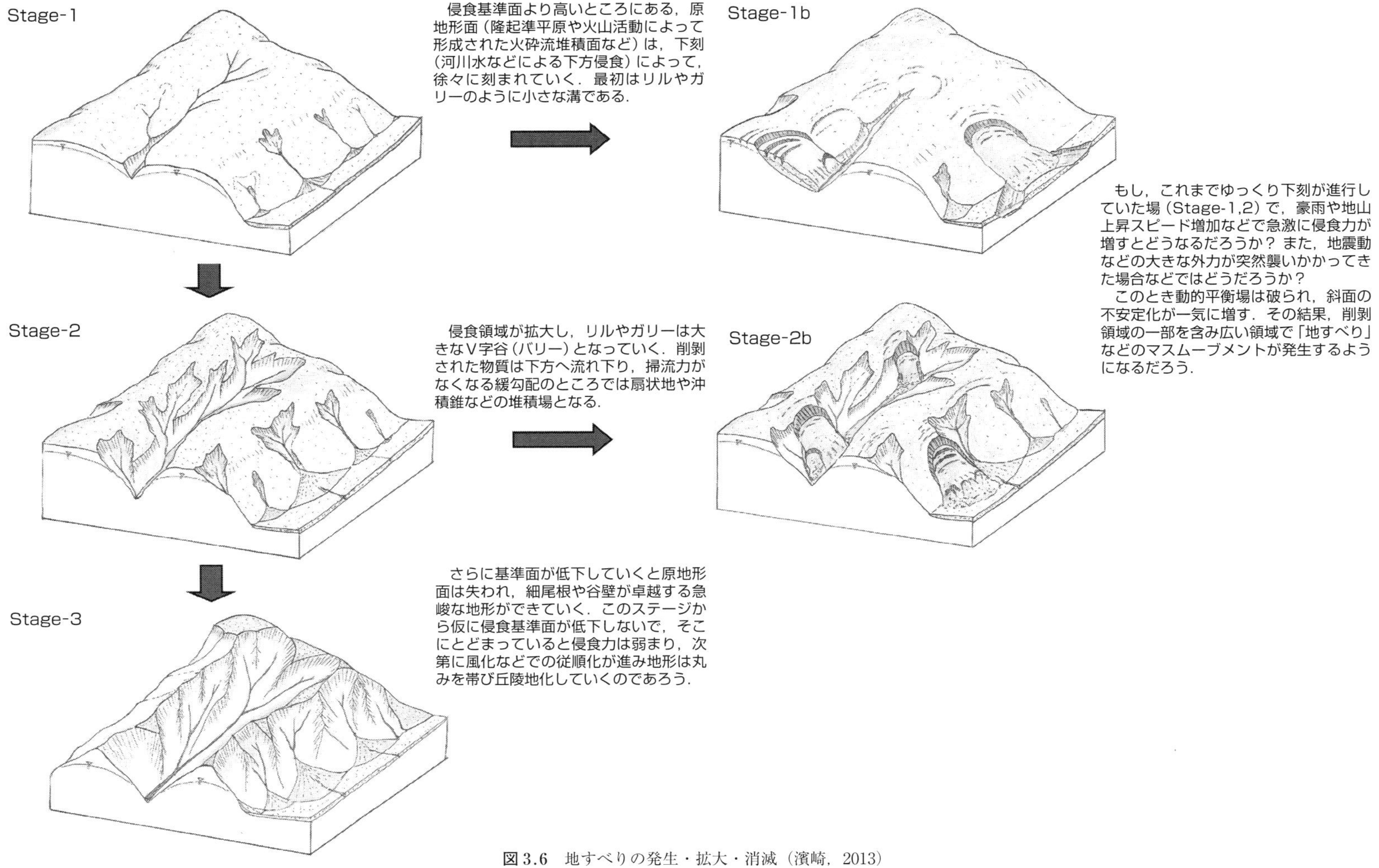
Stage-1
侵食基準面より高いところにある，原地形面（隆起準平原や火山活動によって形成された火砕流堆積面など）は，下刻（河川水などによる下方侵食）によって，徐々に刻まれていく．最初はリルやガリーのように小さな溝である．
Stage-1b
もし，これまでゆっくり下刻が進行していた場（Stage-1,2）で，豪雨や地山上昇スピード増加などで急激に侵食力が増すとどうなるだろうか？ また，地震動などの大きな外力が突然襲いかかってきた場合などではどうだろうか？
このとき動的平衡場は破られ，斜面の不安定化が一気に増す．その結果，削剥領域の一部を含み広い領域で「地すべり」などのマスムーブメントが発生するようになるだろう．
Stage-2
侵食領域が拡大し，リルやガリーは大きなV字谷（バリー）となっていく．削剥された物質は下方へ流れ下り，掃流力がなくなる緩勾配のところでは扇状地や沖積錐などの堆積場となる．
Stage-2b
Stage-3
さらに基準面が低下していくと原地形面は失われ，細尾根や谷壁が卓越する急峻な地形ができていく．このステージから仮に侵食基準面が低下しないで，そこにとどまっていると侵食力は弱まり，次第に風化などでの従順化が進み地形は丸みを帯び丘陵地化していくのであろう．

図 3.6　地すべりの発生・拡大・消滅（濱崎，2013）

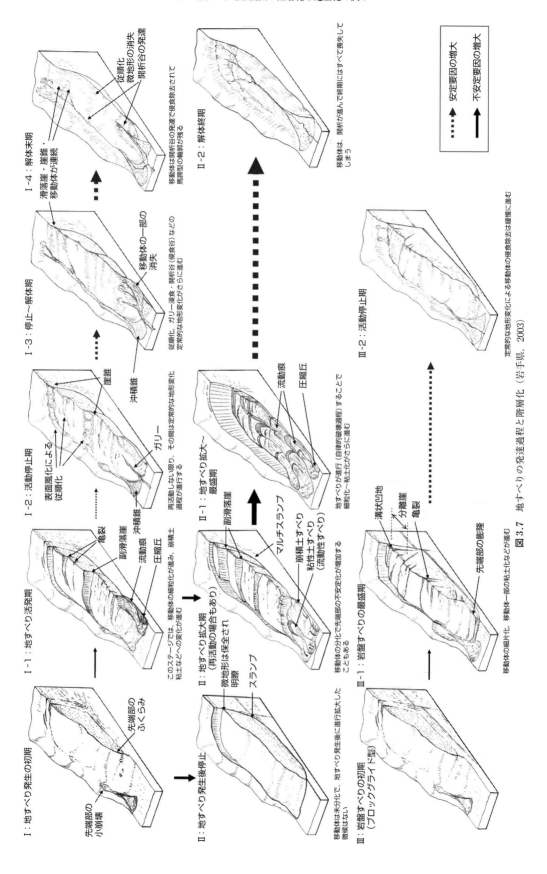

図3.7　地すべりの発達過程と階層化（岩手県，2003）

滑落崖の前面には対面する急崖地形は存在しない.

d.　分離崖・溝状凹地

定義：移動体内部に生じた引張性の動きにより形成された急崖およびその急崖で挟まれた相対的な低地部.この場合低地部はすべり面の露出部であることも多い.

判読の留意点：副滑落崖と類似の急崖だが,急崖が対面する点で滑落崖と明確に区別できる.

e.　圧縮丘

定義：移動体内部の相対的な運動速度の違いにより生じた著しい圧縮性の応力場で発生する移動方向に直交する微起伏.

判読の留意点：小規模なスラスト（アンダースラストを含む）的な動きとなるため,さざ波状～しわ状の微起伏として観察されることが多い.

f.　流動痕・流動丘

定義：流動痕は,移動体の一部が粘性土または崩積土化し流動性の移動で生じる,移動方向に並行な微起伏.流動丘は,この動きで生じた微起伏の相対的な高所（いわゆる流れ山）.

判読の留意点：写真上では,明瞭な方向性を持たない緩やかな微起伏として観察される場合が多い.ただし,流動性の移動では,その領域の上端部を構成する副滑落崖はごく小規模で,その移動域は長円形を呈することが多い.

g.　湿地・凹地・池

定義：移動体や主滑落崖との境界部に生じる相対的な凹所が閉塞したもの.

判読の留意点：極めて特徴的な閉塞凹状微地形なので判読は容易.

h.　ガリー・侵食谷

定義：移動体の一部に,非地すべり性の,特に流水性の侵食によって生じた谷地形.ガリーはその小規模なものである.

判読の留意点：亀裂や溝状の凹地などの微

地形とは,この微地形が水系の一部として河川に連続することで峻別できるが,小規模な場合や発生位置によっては,区別しにくい場合もある.

その他の微地形：剝離面,岩屑流堆積地,湧水地点などは確認される場合に記載する.

3.7.6　評価基準の分類

日本地すべり学会東北支部の 2001～2005 年の委員会・検討部会においては,東北地方の地すべり技術者がこれまでに経験した東北地方の地すべりを収集し,またそこでの経験値をもとに判読の評価基準を作り階層化して評価基準を作成した.その後,クロアチア,ベトナムの 2 カ国の SATREPS を経て,評価点の低い項目を削ぎ落としつつ評価基準の見直しを行い現在に至っている.地質的には東北地方の地すべり地のほとんどは新第三紀の堆積岩地域がほとんどである.また,それを土台として,評価システムの改訂を計ったクロアチアの首都ザグレブ近郊はやはり新第三紀の泥灰岩（マール）を主体とする堆積岩丘陵地である.またベトナムは,ラオスとの境界に近い山岳部を通る中部～北部のホーチミンルート沿いで,地質は古生代～中生代の熱帯風化著しい堆積岩～片岩,片麻岩の分布するところで深層風化が著しい.ただし,風化特性の違いはあるものの評価項目の違いはあまりないと判断された.以上から,配点のウェイトが若干異なる可能性はあるものの,できるだけ普遍性が高い評価項目を選定して再構築した.

技術者のブレーンストーミングの結果,図 3.8,図 3.9 に示すように「a. 移動体の微地形」「b. 移動体境界部」「c. 地すべり地形と周辺環境」の大きく 3 つに分類することが重要であると判断された.

a.　移動体の微地形（運動特性に関する指標）

主として移動体範囲内の微地形を対象にし

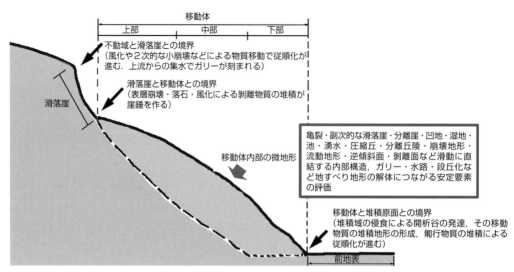

図3.8　地すべり地形の危険度評価に関する視点と地形座標（宮城豊彦原図；宮城県，2006）

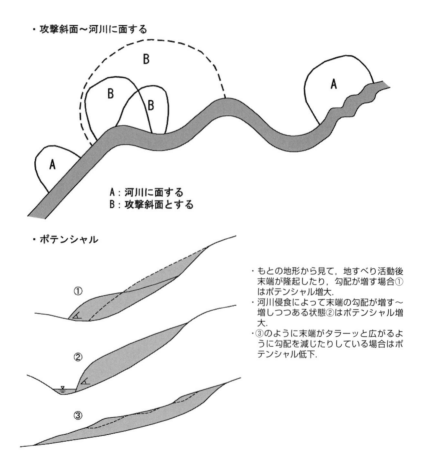

図3.9　地すべり地形と周辺環境（堤昭一原図；宮城県，2006）

た運動特性に関する指標である．さまざまな微地形は，その運動の過程で，地表に地すべり運動特性を示唆するものが刻まれていく．

渡・小橋（1987）は，その経験から，地すべりの移動体は活動が進行するほど岩盤→岩屑→粘性土と細粒化し，細粒化するほどに地すべりが活発化することを述べている．それを微地形単位で見ると岩盤すべりは，分離崖や溝状凹地などが発達し，風化岩，崩積土になるほどに副滑落崖などの発生頻度が大きくなる．最終的に粘性土まで地すべりが分化していった果ては地形的に流動痕・圧縮丘などの発達が顕著となる．このように運動様式を特徴づける分化経路をもとに，岩盤すべり→風化岩すべり→崩積土→粘性土すべりまでの地すべりタイプ様式の変遷を示す移動体内微地形の変化が地すべりの危険度の点数に反映されることが重要といえる．

①運動様式

流動痕・圧縮丘を有するものは，図3.7（II-1）にあるように移動体が細粒化し分化することで，地すべりの再発性が増大しており，より不安定である．一方，分離崖・溝状凹地は図3.7（III-1）を示すもので，一般には再動性は前者比べて小さいと判断される．副滑落崖はその中間に位置するといえる．

②新鮮さの程度

移動体内部の微地形（亀裂，段差，陥没地，圧縮丘等）も，時間経過に従い定常的な風化・侵食作用でその地形を従順化〜消失させる．

また，微地形が多いものほど内部構造は細片〜細粒化しより活動性が高くなる．ここでは，微地形多，微地形境界が鮮明，微地形境界が不鮮明，微地形境界の消失の順に不安定性から安定性への指標とした．

b. 地すべり地形の境界部（時間経過に関する指標）

この指標は，移動体外周に残された滑動の痕跡のその後の非地すべり性営力，つまり定常的地形変化による開析度合いを示すものである．移動体外周部は地すべり発生からの時間経過に起因した風化や侵食による地形変化を特徴的に有しており，開析の度合いが大きいほど最後に生じた地すべり変動から長い時を経たことを意味する．それは，地すべり発生危険度が低下していることも意味するもので危険度点数に反映しやすい指標である．とりわけ頭部境界，末端境界では崖錐やガリーなどの開析程度に関するわかりやすい地形を残す．

①不動域と主滑落崖および前地表

主滑落崖の境界は不安定側から順に，雁行亀裂あり，崩壊壁のみあり，匍行斜面化，ガリーの伸長，全体の従順化，となる．

また，移動体側の境界で見ると，崖錐あり，大規模な崖錐，滑落崖，崖錐，移動体が連続などの順となる．

②移動体末端と前面の不動体地表

末端では地すべり不安定化が継続して分化していく過程で小すべり，崩壊などがある．その一方で，地すべりの安定化が長く続くと，地形は開析されていく．その過程ではガリーが発達し，末端に沖積錐などが溜まったりする．さらに進むと地表は従順化していき移動体原面の初生地形が消失する．

c. 地すべり地形と周辺環境（地形場に関する指標）

移動体の滑動の安定度に影響を与える地形場の指標である．ここで地形場とは，地すべりが発生している地形的位置をいう．経験的に地すべりが河川の攻撃斜面にあるところでは，地すべり再動している事例が多い．このように周辺の環境の違いで地すべり安定度が異なることを指標化した．

①移動体先端部

河川攻撃斜面に面する場合，絶えず末端が侵食にさらされ不安定化が助長される．ただ単に川に面する場合は，そこまで不安定化することがない．さらに安定と判断されるの

は，地すべり末端が段丘面・沖積面などの面に載る場合や斜面途中に出る場合などである．このような地形場では侵食は容易でなく不安定要因は少ない．なお，侵食場にあるような「渓流」の場合，河川の攻撃斜面と同等とするが，逆に地すべり先端部が渓流対岸に衝突し安定化する場合もある．

　　②移動体下部

　起伏量（移動体のポテンシャル変化）の増加，もしくは低下．地すべり安定解析から考えると末端の隆起は安全率を増す現象であるが，河川際や海岸沿いの地すべりのいくつかは，侵食と末端の隆起が拮抗して，ポテンシャルの増大量＝侵食量のようなケースがある．地すべりの末端がどのような場にあるかに注意を要するが侵食場での隆起様の地形は不安定化要因といえる．

　各アイテムについては図4.1のカルテで示すように，岩手・宮城両県の危険度評価業務にて，AHPでの階層化と評点を試みている．なお，空中写真判読の際は同一カテゴリーの中で，特徴的な1つの微地形だけがあるわけではなく，例えば3.7.6項bの②末端境界に2次すべりがある一方でガリーなどの侵食現象があるなど，複数存在することは多い．したがって，それらを勘案しながら各位置の不安定化要因のチェック位置を判断するべきである．なお，安全側の判断から見れば，カテゴリーの中でもより不安定側のチェックに注目すべきという考え方は妥当かもしれない．

3.7.7　AHP 評価基準の抽出および階層化

　検討部会のブレーンストーミングをとおして地すべりの危険度に関わる評価基準を抽出し，図3.10に示すよう階層化した．大分類としての（I）運動特性に関する指標としての移動体微地形には（a）運動様式，（b）移動体微地形，（II）時間経過に関する指標としての移動体境界部には（c）頭部境界，（d）末端境界，（III）地形場に関する指標としての

移動体周辺地形には（e）移動体先端部，（f）ポテンシャルの中分類が抽出された．

　中分類アイテムには実際にカルテのチェック指標となるカテゴリ（小分類）を作成し，大分類，中分類，小分類ごとにAHP手法を用いて一対比較を実施した．なお，実用上の工夫として図3.10に示す小分類カテゴリは，中分類アイテムごとに上から下へ危険度が高い方から低くなるように配置したものである．これらのアイテムは，カルテ作成時に左から右へ並べて配置してあり，地形形成のメカニズムなどを理解しやすいようにした．ちなみに，カテゴリのチェック位置についてはカテゴリの中間も許す構造になっている．すなわち，図3.10のアイテム「c」において「崖錐あり」「大規模な崖錐」の中間と判断した場合，その間にチェックできるようになっている．

　ただし，明確に複数のカテゴリがあるとき点数に寄与するのは重みの大きい方が優先されることとした．

3.7.8　一対比較，ウェイトの決定・統合化

　作業部会においては，まず各人でAHP評価を実施し，さらにそれをたたき台として作業部会のAHPウェイト案を作成した．

　なお，AHPの一対比較値は，表3.1bに従う．すなわち

　1：両方の項目が同じぐらい重要
　3：前の項目の方が後の方より若干重要
　5：前の項目の方が後の方より重要
　7：前の項目の方が後の方よりかなり重要
　（ほか2，4，6，8を補間的に用いた）

である．AHPの一対比較手順と各アイテムごとのウェイトの算定方法は多くの文献に譲るが，各カテゴリの最終ウェイトの算出に際しては，

　小分類カテゴリの最終ウェイト
　＝大分類 AHP ウェイト×中分類 AHP
　　ウェイト×小分類 AHP ウェイト

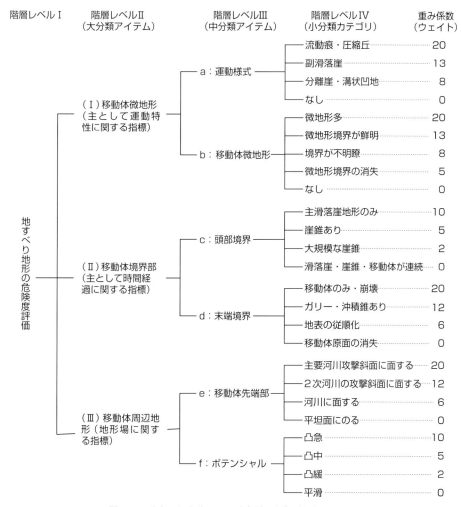

図3.10 地すべり地形のAHP評価法の評価項目とウェイト

とした．ウェイト統合化の結果，重み係数においては，図3.10 a〜fまでの中分類アイテム中で最も高いカテゴリがチェックされたとき，合計100点となるように補正係数を乗じ正規化している．なお，カルテにおいてはこれらのチェック点数の合計をAHP評価点数（モデル重み係数の合計）と称した．すなわち，次のようになる．

$$\text{AHP評価点数} = \Sigma X(a〜f). \quad (3.2)$$

ウェイト決定の具体的な手順は以下のとおりである．

①危険度予測に関わる「大分類」を一対比較する．

現段階では「（1）移動体微地形」「（2）移動体境界部」「（3）移動体と周辺環境」とすると3×3の一対比較となる．

岩手県で実施したときの一対比較では例えば「移動体微地形が移動体境界に比べて危険度評価で3倍重要である」とした．これをマトリックスで表示すると表3.4のようになる．

②次に階層レベルⅢについてa×b, c×d, e×fの一対比較を行う．

③さらに階層レベルⅣに示されるそれぞれの小分類カテゴリを用いて一対比較する．

以上の手順で，クロアチア・ベトナムにて実施したウェイトが図3.10の右列である．これに基づきカルテ（図3.12参照）を作成した．次の項で地すべり地形AHP危険判

表3.4　分類の AHP 一対比較表

	Ⅰ	Ⅱ	Ⅲ	幾何平均	ウェイト
Ⅰ：移動体微地形	1	3	1	1.44	0.43
Ⅱ：移動体境界部	1/3	1	1/3	0.48	0.14
Ⅲ：移動体周辺地形	1	3	1	1.44	0.43
			合計	3.36	1.00

定の具体的チェック手順を示す.

3.7.9　判読カルテと判読・AHP 危険度判定の流れ

　作業の流れは図3.11 に示すように,全体像のイメージから最初に直感点をつけて,その後に AHP のチェックを行う.図3.12 にカルテフォームを示す.カルテフォームは基本的に a〜f までの各アイテムに対し判読者がチェックを入れて AHP 評価点を出すが,このカルテフォームの特徴としてより危険性の高い要因を左側に,より低い要因を右側へ配置することで全体の評価構成をわかりやすくしている.配点の重みから移動体表面の亀裂の新鮮さや先端地形の勾配とその発生場の条件(攻撃斜面か否か)が重要指標となっているのがわかる.直感のための判断の目安を助けるために図3.7 で示したような地すべり地形の変化過程と見比べることで判定の補助となっている.なお,粗判読についてのインデックスとなるステレオペア写真の判読を次に示す.

3.7.10　インデックスステレオペア写真の10事例

　ここに示すのは,インデックスとなる10事例についての AHP 評価点数とその内訳である.それぞれについて AHP 得点の判断根拠を記す.

　事例1(図3.13):当地すべりは,谷頭が開いたスプーン状の長細い谷の上部を滑落崖とした地すべりで,閉塞凹地を経て移動体が谷頭部を埋め,副次崖で複数に分割された前進的地すべりである.移動体の長さがその幅に較べ数倍あることから流動性に富むことが予想され,移動体の細粒化・粘土化が進んでいるものと考えられる.微地形は畑地などの人工改変でやや不明瞭である.頭部滑落崖もややガリー侵食が進み植生も繁茂する.しかし末端では川を横断して隆起しており,常に川の侵食にさらされている.

　(a：20,b：13,c：5,d：20,e：20,f：10＝88)

　事例2(図3.14):裸地化した馬蹄形の主滑落崖が明瞭で移動体が大きな副滑落崖で分割された地すべりである.副次崖の下方には移動方向に直交する亀裂やさざ波状の波状地形など微地形が明瞭である.滑落崖の頂部は鋭く切り立ち,滑落面にはまだ植生の侵入がない.末端の下流では河床から大きく隆起し,崩壊も認められる.本川ではないが渓床勾配も急で侵食場にある.

　(a：13,b：20,c：10,d：20,e：12,f：10＝85)

　事例3(図3.15):当地すべりは,(火山砕屑物堆積面)山地を開析する小河谷に向かって,平坦な地形面末端が切れ落ちることで形成され,ほぼ垂直の滑落崖で画された地すべりである.初生的な移動や移動体の再活動で形成された微地形が明瞭である.末端の一部は流動状に河川方向に向かって細かく分化しながら変動している.滑落崖は明瞭に残っている.河川を押し出したり埋めたりして河川方向を細かく変えており河川侵食と変動は絶えず拮抗していると思われる.

　(a：13,b：20,c：10,d：20,e：12,f：5＝80)

　事例4(図3.16):小起伏の丘陵に旧地すべり滑落崖と思われる(中華鍋状の)浅い凹型斜面が分布する.この凹型斜面上部には,比高は小さいものの明瞭な弧状の滑落崖とそ

まず粗判読を行い、粗判読用インデックスとの見比べから直感による点数をつける。次に、各アイテムの評価マニュアルを見比べつつカルテによって点数化する。それぞれにあまり乖離がないときは終了するが、乖離があるときはもう一度カルテ評価に戻り再検討する。

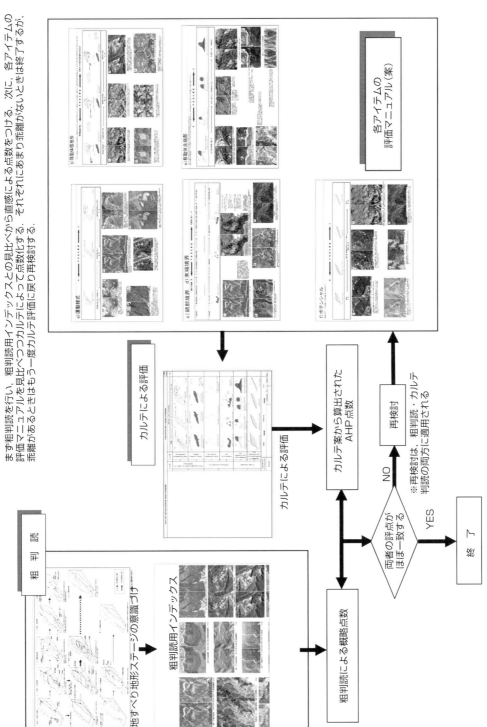

図 3.11　地すべり判定の流れ

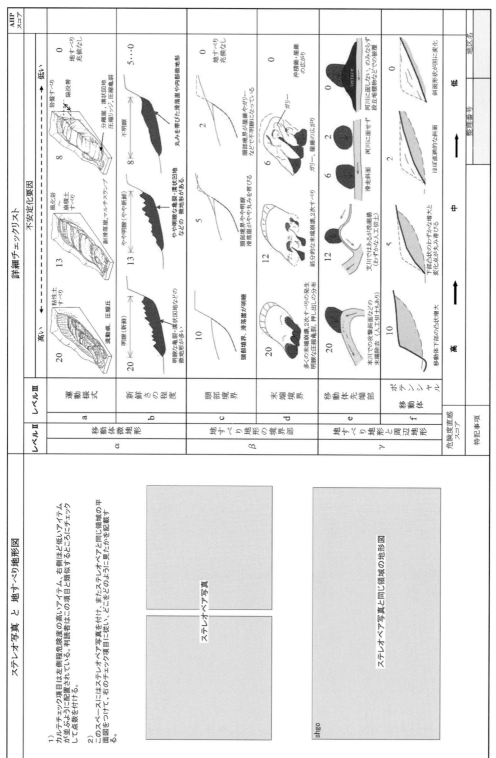

図3.12　地すべり危険度のAHP評価法に基づくカルテ

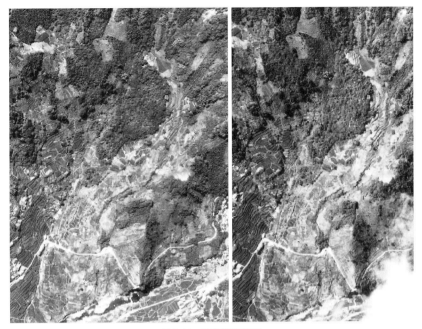

図 3.13 写真判読事例 1

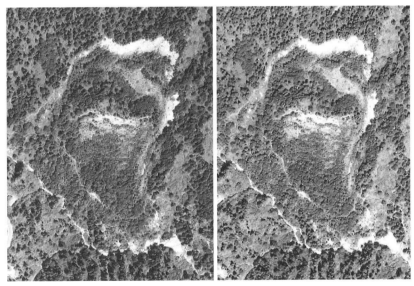

図 3.14 写真判読事例 2

れに相対する節理崖が発達し，河床まで連続
する移動体両翼部を限っている．また，古い
地すべり移動体が左翼部に接した高い位置に
残されている．移動体下部では並行する副次
崖によって特徴づけられる 2 次 3 次すべりが
見られる．さらに小さく屈曲する河川の攻撃
斜面では末端の小すべりが多発している．小

すべり域内では，地表が小じわ状に波打った
変形を示す．

　(a：13,b：15,c：5,d：16,e：16,f：5＝70)

　事例 5（図 3.17）：画面左下の最高点東
（右）面に弧状の主滑落崖が発達し，その下
位にややボトルネック状の谷を埋めるように
移動体が続く．事例 4 と同様，植生が繁茂

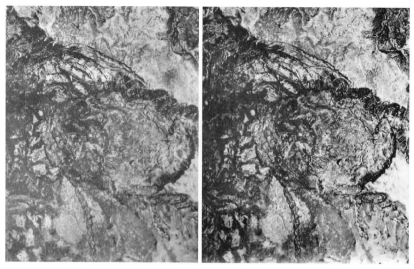

図3.15　写真判読事例3

図3.16　写真判読事例4

し，滑落崖と地すべりの境界は事例4に比してさらに明瞭さが失われているが，移動体は樹間や配列から移動方向に直交する並行亀裂群がさざ波のように連なっており，これらの微地形群と側方崖とからおおよその移動方向も想定可能である．末端はガリー侵食に伴う開析が進行しつつあり，末端の不安定化ポテンシャルの増大が進行している．

　（a：13，b：13，c：8，d：12，e：9，f：5＝60）

　事例6（図3.18）：緩やかな斜面末端を大きく弧状にえぐるような比高の大きな主滑落崖が発達し，滑落崖の境界は非常に明瞭で微地形も明瞭であるが，ほぼ1回の崩積土〜風化岩地すべりの活動であろう．移動体上部には直線的な副次崖が並行して発達するが，移動体上位の遷急線より下位にある斜面では2次崩壊や移動体の分化などは認められないので徐々に開析しながら従順化し安定に向かいつつある．

　（a：13，b：13，c：10，d：6，e：6，f：2＝50）

　事例7（図3.19）：移動体の境界は明瞭であるが，周辺の滑落崖は従順化しつつあり丸みを帯びている．移動体内の微地形もやや不明瞭である．事例6と同じく，ほぼ1回の崩

図3.17 写真判読事例5

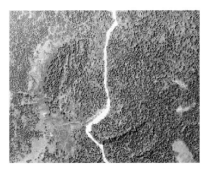

図3.18 写真判読事例6

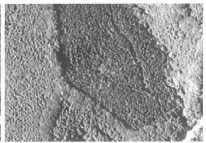

図3.19 写真判読事例7

積土〜風化岩地すべりの活動があった．末端領域は植生が繁茂していて微地形は明瞭でないが，少なくとも分化などの兆候は認められない．移動体が流路を押し出すように発達したと思われるが，移動体に対しては河川侵食の影響は小さいようである．

（a：13,b：8,c：5,d：12,e：6,f：5＝49）

事例8（図3.20）：直線的で比高の大きな滑落崖〜陥没帯は明瞭で，それらと移動体の境界も明瞭である．ただし滑落崖〜陥没帯で小崩壊が進展し，この崖錐が陥没帯を埋積し

ている．末端も沖積錐などによって覆われ，侵食などの兆候はない．移動体も活動を示す亀裂などの微地形はないが，ガリーなどの谷の侵入があって最初の活動から長く安定しているのがわかる．

（a：13,b：10,c：5,d：6,e：0,f：5＝39）

事例9（図3.21）：画面左下から尾根が右上方向に抜け落ちた形態を示す地すべりである．移動体境界は明瞭であるが，周辺の滑落崖には谷が入り込み従順化して丸みを帯びている．移動体内も谷の侵入があって開析の途

図 3.20　写真判読事例 8

図 3.21　写真判読事例 9

図 3.22　写真判読事例 10

中である．事例 6，7 と同じく，ほぼ 1 回の岩盤すべり的な活動があった．移動体左翼部で小河川に面し支尾根的に残された移動体末端の小規模なすべりが認められるものの，移動体全体に影響を与えるような末端の分化などの兆候は認められない．河川に対してはほぼ滑走斜面である．

　　(a : 8，b : 8，c : 5，d : 6，e : 6，f : 5＝38)

　事例 10（図 3.22）：丘陵から派生する斜面末端が地すべり変位を起こしたものと考えられる．移動体境界は明瞭であるものの滑落崖は植生が繁茂し従順化過程にある．移動体も谷が入り込み開析が進み一部は尾根状化している．末端も谷埋め堆積物で覆われ崩壊も発生しておらず，全体として再滑動を疑う不安定化要因が少ない．

　　　（a : 13, b : 8, c : 3, d : 0, e : 0, f : 5＝29）

　　　　　　　　〔濱崎英作・宮城豊彦・八木浩司〕

文　献

Hamasaki, E. and Miyagi, T. (2018). TXT-tool 1.081-2.2 : Landslide Mapping Through the Interpretation of Aerial Photographs and Topographic Maps. *Landslide Dynamics: ISDR-ICL Landslide Interactive Teaching Tools*, Springer, pp.53-66.

濱崎英作（2013）．AHP 法，その仕組みと地すべり危険度評価法への応用．山が動く，**17**，20-48.

濱崎英作・戸来竹佐・宮城豊彦（2003）．AHP を用いた空中写真判読結果からの地すべり危険度評価手法．第 42 回日本地すべり学会研究発表会講演集，227-230.

岩手県（2003）．平成 14 年度岩手県地すべり地形抽出及び危険度判定マニュアル策定業務委託報告書，社団法人地すべり学会.

地すべり学会東北支部編（1992）．東北の地すべり・地すべり地形―分布図と技術者のための活用マニュアル―，地すべり学会東北支部.

木下栄蔵編著（2000）．AHP の理論と実際，日科技連出版社.

Le Hong Luong, Miyagi, T., Phan Van Tien, Doan Huy Loi, Hamasaki, E. and Abe, S.（2017）. Landslide Risk Evaluation in Central Provinces of Vietnam, *Advancing Culture of Living with Landslides*（Mikos, M., Yiwari, B., Yin, Y. and Sassa, K. eds.）, Springer, pp.1145-1153.

Miyagi, T., Gyawali, P. B., Tanavuid C., Potichan, A. and Hamasaki, E.（2004）. Landslide risk evaluation and mapping : Manual of aerial photo interpretation for landslide topography and risk management. *Report of the National Research Institute for Earth Science and Disaster Prevention*, **66**, 75-137.

宮城県（2006）．平成 18 年度総流砂防調査 209-202 号 地すべり地形の危険度判定手法開発及び危険度評価業務報告書，社団法人地すべり学会.

Podolszki, L. Ferić, P., Miyagi, T., Yagi, H., Hamasaki, E. and Mihalić, S.（2011）. Aerial photo interpretation of landslides for the purpose of landslide inventory mapping in the area of the city of Zagreb, Croatia. *2nd project workshop on Risk Identification and Land-Use Planning for Disaster Mitigation of Landslides and Floods*, Rijeka（Croatia）, pp.128-131.

Saaty, T. L.（1980）. *The Analytic Hierarchy Process*, New York, McGraw-Hill Book Company.

刀根　薫・眞鍋龍太郎編（1990）．AHP 事例集，日科技連出版社.

渡　正亮・小橋澄治（1987）．地すべり・斜面災害の予知と対策，山海堂.

八木浩司・檜垣大助・日本地すべり学会平成 14 年度第三系分布域の地すべり危険箇所調査手法に関する検討委員会（2009）．空中写真判読と AHP 法を用いた地すべり地形再活動危険度評価手法の開発と阿賀野川中流域への適用．日本地すべり学会誌，**45**（5），358-366.

AHP 評価の事例 4

4.1 宮城県の事例

　岩手・宮城県で作成された AHP 手法のカルテと判定基準を図 4.1 に示す．第 3 章で示した図 3.12 のカルテは，この岩手・宮城版カルテでの最高点の低いアイテムを削除した

ものである．岩手・宮城版カルテの AHP 評価点を，図 3.12 の新カルテを使い，同一地すべりカルテの典型 10 事例で比較した結果，おおむね 5〜10 点ほど新カルテが低い傾向を示したがほとんど差はないことがわかった．

　さて，この AHP 手法に基づいて宮城県全域の主要地すべり 800 事例を 7 名の専門部員

大分類	概　要	観察アイテム	不　安　定　化　要　因　大 ←	→ 小(もしくは 安定化要因)	備　考 規　模	位　置	AHP
		地すべり地形の危険度評価チェックリスト					
移動体の微地形	運動特性に関する指標	A:運動様式	流動痕 ………… 副滑落崖 ………… 分離崖 圧縮丘 12.1　　　　　　　4.9　　　　　　溝状凹地 2.0				
		B:新鮮さの程度	微地形多　　微地形境界が　　境界が 19.5　　　　鮮明 12.5　　不鮮明 6.0　微地形境界の消滅 5.5				
		C:移動体不安定化	先端2次ブロック(分化) ……… ガリーの進入 ……… 侵食谷の侵入 先端崩壊 13.9　　　　　　　3.6　　　　　　　　1.5				
		D:地すべり活動兆候	亀裂 ……… 樹冠の開き 18.8　　　　6.3				
		その他	（　例：　湿地、池、表層崩壊、雁行状亀裂　　他　　）				
地すべり境界部の地形	時間経過に関する指標	E:不動域/主滑落崖	雁行亀裂有 3.8　崩壊壁のみ有 3.2　匍行斜面化 1.8　ガリーの伸長 1.5　全体が従順化 1.3				
		F:主滑落崖/移動体	左記地形のみ 3.1　崖錐あり 1.8　大規模な崖錐 1.1　滑落崖・崖錐・移動体が連続 0.6				
		G:移動体/前地表	左記地形のみ 1.0　ガリー・沖積錐有 0.5　地表の従順化 0.4　移動体原面の消失 0.3				
地すべり地形と周辺環境	地すべり場に関する指標	H:移動体先端部	河川攻撃斜面に面する 8.6　（河川に面する or 斜面途中に出る）4.4　平坦面にのる 1.6　対岸衝突 0.9				
		I:移動体下部	増　加 19.2　起伏量(移動体のポテンシャル変化) 9.2　低　下 2.7				
地すべり移動体内特記すべき小ブロック			あり　・　なし　　（位置及び全体との関係他：　　　　　　　　　　　　　　　　　）				
記　事	地すべりの成因、その他				AHP評価合計点		点
地すべり発生危険度			高い　→　中位　→　低い		カルテ危険度点数		点
参　考　事　項					※AHPのcheck位置の点数を合計してAHP評価合計点とする。 整理番号	地　区　名	
			※活動履歴・災害履歴・地質・地質構造他 あれば記入				

図 4.1　岩手・宮城での AHP 評価カルテ

が判読した. 判読カルテは1カ所につき3人以上で行った. 判読に際して AHP 評価点ばかりでなく直感的な危険度を0～100で判定することとした. 0が最も安全で, 100が最も危ない地すべりである. 結果としてカルテごとの AHP 評価点と直感による評価点のそれぞれの平均点が出る. これらの危険度評価手法の妥当性を検討するにあたり, 直感による危険度平均点を x 軸に, AHP 評価点について y 軸にとって散布図を作り解析を行った. 図4.2にこの結果を示す. 相関性は決定係数 $R^2 = 0.88$ と高く, 点数の低い箇所（危険性が小さい）と点数が高い箇所（危険性が大きい箇所）の両者のばらつきが小さいのがわかる. これは, まったく動きそうもない地すべりと, 最も不安定な地すべりとでは専門部員の判断のぶれが小さいことを示す.

さらに図4.2には, 判読に用いた写真の撮影後から2005年までに地すべり変動が認められた20カ所の事例も載せた. 図から AHP 評価点の40以下での地すべり変動事例はな

かった. AHP 評価点60以上については15カ所の地すべり変動箇所が該当した. そこでこの60点を閾値として「危険性A以上」, 5カ所が該当した AHP 評価点40以上60未満については「危険性B以上」として指標化した. なお, その後にも, このカルテ判定結果の箇所での災害がいくつかあった.

それを踏まえて, AHP 評価点を再度検証した.

検証① 宮城県白石市の地すべり

宮城県白石市では2007（平成19）年7月15～16日にかけて, 台風4号（連続雨量200mm）の影響と融雪により, 幅約200m, 長さ約300mの大規模な地すべりが発生した. 現場は砂岩泥岩互層の基盤岩と軽石凝灰岩の流れ盤構造を有するところで, 夷倉川沿いで侵食地形が認められたところである. 宮城県では, 2005年に約1,500カ所の地すべり領域の危険度判定を行っており当該地区も該当していたため, これを再チェックした. 事前のカルテは夷倉川右岸の被災エリアの3倍ほ

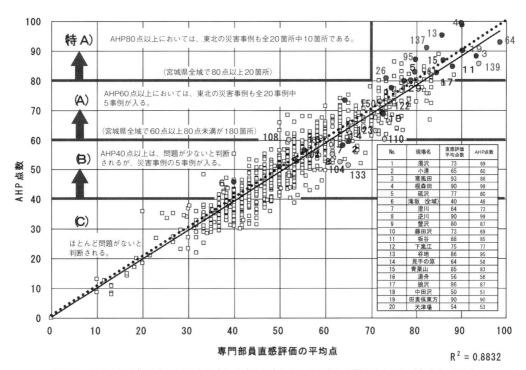

図 4.2 宮城県 800 事例での AHP 評価点と直感評価点との関係と東北の災害地すべり（宮城県, 2006）

ど大きな細長い領域区分で作られていて，判読写真が若干不鮮明であったことから判読者ごとの評価結果にやや幅があったが，AHP評価点は平均で 54 であり危険度 B の中でもハイスコアの箇所であった．

　検証② 平成 20 年（2008 年）岩手・宮城
　　　　 内陸地震

2008（平成 20）年 6 月 14 日，岩手・宮城

内陸地震で発生した地すべりを検証した．図4.3 は宮城県北西部地すべり領域におけるAHP 評価点の分布と実際発生した地すべりを重ねたものである．

　最も面積の大きい太線領域が荒砥沢地すべりで，事前の AHP 評価点は 64 であった．また，ほかの地すべり発生箇所で，判読判定済み領域での AHP 評価点はすべて 60 以上

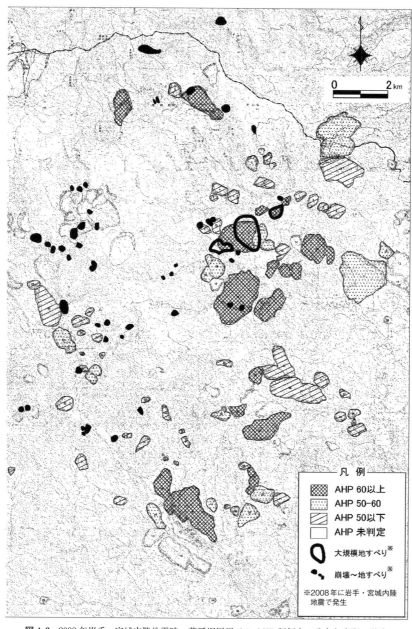

図 4.3　2008 年岩手・宮城内陸地震時，荒砥沢周辺での AHP 評価点の分布と実際の発生

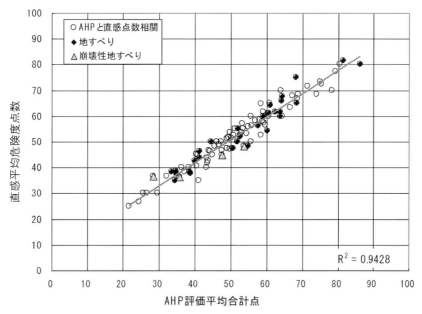

図 4.4 再判読 100 事例での地すべり AHP 評価点と直感点分布と地震時に再滑動した崩壊・地すべり

であった．しかし地すべり地形と認識されていない領域で地すべりが発生したことや，地すべり地形と認識されてはいたものの判定領域外なために AHP の照査ができない箇所もあり問題を残した．

検証③　2008 年岩手・宮城内陸地震の追加検証

検証②で指摘された地すべり地形非認知の原因の 1 つとして NIED による地すべり地形が元来幅 150 m 以上の規模であることがあげられる．また領域設定も道路の 1 km バッファを外れると領域認定されないことも原因である．このため再度国土地理院（1976 年）の 1/15,000 空中写真を用いて宮城県・岩手県側それぞれで地すべり地形判読とカルテ 100 事例をランダムに抽出し検討した．その際専門部員 6 名を招集し 1 カルテにつき 3 名で判読し AHP 評価点を検討した．100 事例中 29 事例が当地震で再滑動しているが専門部員にはどの地すべりが変動したのかについては事前には伝えてはいない．図 4.4 は再滑動した地すべりを含め，判読者の直感点数と AHP 評価点の平均を図化したものである．

100 事例のうち，再滑動した地すべりの AHP 評価点数は 30 点台〜80 点台まではらついているものの，AHP 評価点数 60 点以上の地すべりは 28 事例あり，そのうち 12 事例（43%）の地すべりが再滑動している．また，AHP 評価点数 80 点以上の地すべりは 3 事例中 2 事例が再滑動した．しかし 60 点未満であっても，地震を誘因とする地すべりの再滑動が発生しうることを示した．そこで，地形量の指標として，次に述べる「先端勾配比」について新たに検討した．

これまでの研究で地すべり末端の影響，特にその凸度が地震に大きなウェイトを占めうることが多いといわれているが，それは地すべり移動体の末端が侵食されると移動体が不安定になりやすく，移動体表面形状の凸型の増大は滑動ポテンシャルが蓄積することに起因していると思われる．そこで，図 4.5 に示すように斜面を 3 分割し，斜面全体の勾配に対する先端 1/3 の勾配の比率を「先端勾配比」として定義して検討した．

結果は図 4.6 に示すとおりで，対象 100 事例の地すべりの先端勾配比は，最大でも 2.0

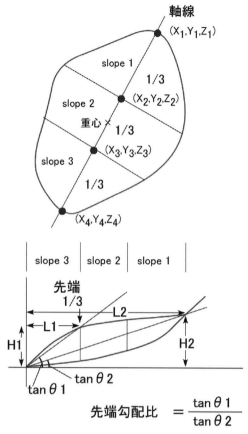

図 4.5　先端勾配比の定義

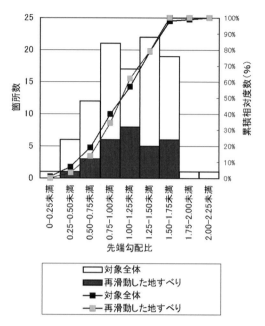

図 4.6　対象地すべりと再滑動地すべりの先端勾配比ヒストグラム

程度であった．その分布は非対称形を示し，平均は 1.13，標準偏差は 0.403 である．再滑動した地すべりの先端勾配比の平均は 1.17，標準偏差は 0.359 であり，対象全体から見ると値の大きな側に少しばかりシフトする．したがって，先端勾配比は，地震時に不安定化する地すべりの指標になりうると考えられた．　　　　　　　〔濱崎英作・八木浩司〕

4.2　阿賀野川流域の事例

　日本地すべり学会は，国土交通省阿賀野川工事事務所（現阿賀野川河川事務所）の委託を受け，専門家が地すべり地形判読から再活動性評価について AHP 法を導入するシステムを開発した（八木ほか，2009）．なお AHP 法の詳細については第 3 章を参照されたい．

　エキスパートシステムとしての AHP 法を地すべり地形の susceptibility 評価に適応する際，本節で注目した点は，以下のようにまとめられる．すなわち，熟達した複数の地すべり技術者や地形研究者が地すべり地形の空中写真判読において，将来の活動性（susceptibility）判定を，どのような地形要素に着目しているかブレーンストーミングで列挙した後，一対比較行列を作成しそれら要素間での重要度を評価し，さらにプロセス化してそれぞれに重みづけを行うものである．

　その際まず，新第三紀分布域での空中写真判読による地すべり地形の再活動の susceptibility 評価に必要な地形要素を選び出した．そこでは，複数の判読者が同じ地すべり地形について同時に空中写真判読を行った．さらに複数の事例について空中写真判読を繰り返した．そして個々の地すべり地形の再活動性を評価する際，どのような微地形やその地すべり地形の発達位置などに着目しているかを，スクリーン上に映し出されたアナグリフ画像を参加者全員で観察しながら議論した．

以上の作業は，判読者の注目点を洗い出して判読基準を合わせること，すなわち「目を合わせる」意味があった．また，このシステムは，阿賀川・阿賀野川本線に接する広範な地域に分布する総数 2,033 の地すべり地形から，複数の判読者で分担して優先的に踏査や聞き取りなどの現地調査を行うべき箇所を迅速にスクリーニングするためのものであった．そこで，写真判読において判読者が直感的に判断できる項目や基準の決定，それらのイメージ化にも留意した．

その結果，最近再活動した地すべり地の微地形の現れ方であったり，それら地すべり移動体が位置的に今後不安定化しやすい場にあるかに判読者の視点が置かれやすいことが明らかとなった．将来の地すべり活動に強く影響すると考えられる地形要素として，最終的に滑落崖の明瞭度，移動体の表面形状，地す

表 4.1 地すべり susceptibility 評価のためのウェイト表

階層レベル I	階層レベル II		階層レベル III	階層レベル IV	ウェイト	重み係数	得点
目的	項目	ウェイト	項目	項目			
地すべり発生危険箇所評価	滑落崖の明瞭度	0.046	明瞭	……	0.603	0.028	2.8
			やや明瞭	……	0.228	0.010	1.0
			不明瞭	……	0.169	0.008	0.8
	移動体の表面形状	0.200	さざなみ型	……	0.652	0.130	13.0
			凹凸型	……	0.188	0.038	3.8
			平滑・開析型	……	0.160	0.032	3.2
	移動体の位置	0.133	末端	……	0.547	0.073	7.3
			中間	……	0.220	0.029	2.9
			頭部	……	0.096	0.013	1.3
			独立	……	0.137	0.018	1.8
	亀裂の位置	0.251	下部	……	0.600	0.151	15.1
			中部	……	0.250	0.063	6.3
			上部	……	0.150	0.038	3.8
			なし	……	0.000	0.000	0.0
	移動体末端の状況	0.370	侵食の受けやすさ	強い	0.350	0.130	13.0
				やや強い	0.120	0.044	4.4
				弱い	0.030	0.011	1.1
				なし	0.000	0.000	0.0
			末端形状からみた不安定さ	急・比高大	0.350	0.130	13.0
				急 or 比高大	0.150	0.056	5.6
				緩傾斜・比高小	0.000	0.000	0.0

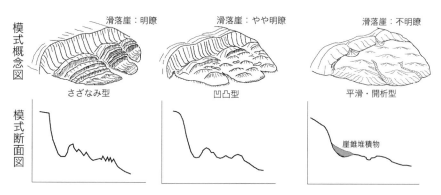

図 4.7 評価要素としての模式的な移動体表面の微地形

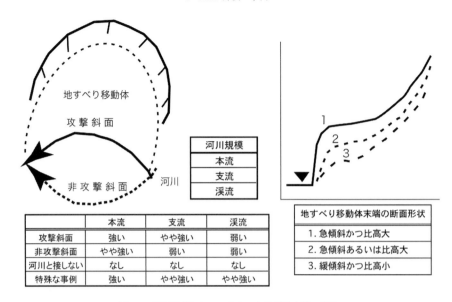

図 4.8　評価要素としての地すべり移動体末端の状況
被侵食性と推進力の有無

べり移動体の位置，亀裂（段差・開口・凹
地）の位置，移動体末端の状況があげられた
（表 4.1）．図 4.7，図 4.8 は，ウェイトの高
い地形評価要素を，空中写真判読時にイメー
ジ化しやすいように模式的に示したものであ
る．それらを階層レベル II として，そこで
の個々の重要性を一対比較行列で検討しウェ
イトを算出した．さらに階層レベル III およ
び一部階層レベル IV でのウェイトをそれぞ
れ算出したものが表 4.1 である．表 4.1 で得
られたウェイトをもとに，事例として津川地
区に分布する個々の地すべり地形をそれぞれ
空中写真判読（図 4.9）によって今後の活動
度を評価したものが表 4.2 である．評価ラン
ク（susceptibility）A は，阿賀川流域に分
布する地すべり地形群全体で得点上位 5% に
あるものとした．その際，新潟・北陸で認め
られる地すべり地形のうち過去数百年以内に
活動したものが全体の約 4% とした磯崎
（1975）の研究を参考にした．同 B は，同様
に得点上位 25%（A より下位）のものであ
る．それらは，末端付近での侵食・人工改変
に配慮の必要なものである．その結果を図示
したものが図 4.10 である．ちなみに Tg14

は地すべり対策実施中の赤崎地すべりであ
る．　　　　　　　　　　　　　〔八木浩司〕

4.3　北海道の事例

4.3.1　北海道の「地すべり活動度評価」と東北支部の「地すべり危険度評価」

　北海道の「地すべり活動度評価手法（land-slide activity assessment）」（石丸ほか，2013a）
は，日本地すべり学会東北支部で構築した
AHP 法（AHP method）に基づく「地すべ
り危険度評価手法（landslide risk evalua-tion）」（Miyagi et al., 2004）を参考に作成し
た（3.1 節参照）．北海道の評価手法（図
4.11）は，優先的に対策すべき地すべりの抽
出を目的としたため，移動体の傾斜や平面形
状など，地すべりポテンシャル（長期的に見
た平均変位速度）に関する指標のウェイトが
大きい．また，個別の指標項目の得点差を見
てみると，「地すべり活動度評価」では，地
すべり末端の侵食環境のウェイトが大きく設
定されている．したがって，河川や海岸に面
する地すべりに対しては評価点が相対的に高
くなる．特に，河川攻撃斜面に面する場合

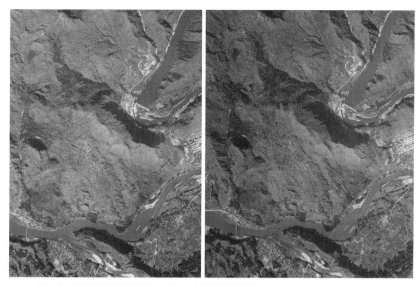

図 4.9 阿賀川流域津川地区の地すべり地形実体視用空中写真（TO-739Y-C8-1, 2）

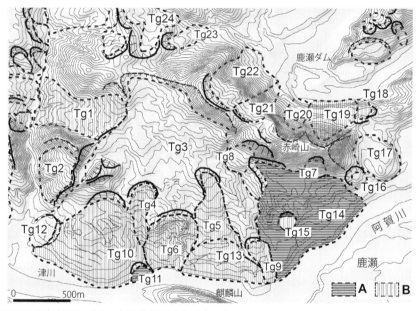

図 4.10 阿賀川流域津川地区の地すべり地形活動性評価分布図（凡例 A, B は表 4.3 の susceptibility 評価 A, B に対応）
（等高線間隔 10 m）

は，両評価の差が大きくなる．一方，微地形
の鮮明さに対しては，「地すべり危険度評価」
に比べウェイトが小さいため，地形の明瞭な
地すべりについては評価点が相対的に低くな
る．

　以上のような違いはあるが，両評価に使わ
れる指標は重複する項目が多いため，得点に
それほど大きな差は生じない．試みに北海道

各地の地質条件や気候条件の異なる 20 件の
地すべりに対し，両者の評価手法による得点
を比較した結果，その差が 10 点を超えるこ
とはなかった（石丸ほか，2013b）．

　上記のとおり，両評価の結果に大きな相違
のないことを踏まえた上で，北海道東部の津
別南部地域（伊藤ほか，2014）とドードロ
マップ川流域（伊藤ほか，2016），および知

表 4.2　阿賀川流域津川地区に分布する地すべり地形の susceptibility 評価結果

ID	滑落崖	表面形状	位置	亀裂	浸食の受けやすさ	末端形状	AHPウェイト	得点	suscept-ibility
Tg1	3	1	4	1	4	3	0.3	45	B
Tg2	2	2	4	3	3	2	0.187	28	C
Tg3	3	2	3	2	4	2	0.175	26	C
Tg4	1	1	2	1	4	3	0.33	50	B
Tg5	1	1	2	1	4	3	0.33	50	B
Tg6	2	2	1	3	1	2	0.337	51	B
Tg7	3	3	3	4	4	3	0.05	8	D
Tg8	2	2	3	4	4	3	0.058	9	D
Tg9	1	1	1	2	3	3	0.312	47	B
Tg10	2	2	1	3	1	3	0.281	42	B
Tg11	1	1	1	1	1	3	0.5	76	A
Tg12	1	2	1	4	3	3	0.217	33	C
Tg13	2	2	1	2	2	3	0.276	42	B
Tg14	2	1	1	1	1	2	0.538	81	A
Tg15	1	1	2	2	4	1	0.372	56	B
Tg16	2	2	4	2	4	2	0.182	27	C
Tg17	2	3	4	2	4	2	0.176	27	C
Tg18	1	1	4	2	1	2	0.362	55	B
Tg19	2	2	4	3	1	2	0.287	43	B
Tg20	2	2	4	4	1	3	0.193	29	C
Tg21	2	3	4	2	4	1	0.25	38	C
Tg22	3	3	3	3	3	2	0.174	26	C
Tg23	2	3	2	4	4	3	0.067	20	D
Tg24	2	1	3	4	4	2	0.202	31	C
備考	1：明瞭 2：やや明瞭 3：不明瞭	1：さざなみ 2：凹凸 3：開析・平滑	1：末端 2：中間 3：頭部 4：独立	1：下部 2：中部 3：上部 4：なし	1：強い 2：やや強い 3：弱い 4：なし	1：不安定 2：やや不安定 3：上部			

susceptibility：D≦24＜C≦38＜B≦62＜A

床半島基部（図 4.12）（伊藤ほか，2015）で実施した「地すべり活動度」の検討例を以下に紹介する．津別南部地域とドードロマップ川流域では主として堆積岩地域での活動度の違いを，知床半島基部では気候や地質の違いの影響を検討する．

4.3.2　津別南部地域の地すべり

　この地域は，多数の地すべりの存在する網走・北見・津別地すべり集中地域（伊藤ほか，1995）の南端にあたる．奥行き 1,000 m 程度以上規模の地すべりが，対象地域の東側（チミケップ湖を塞き止めるものを含む）や

ケミチャップ川左岸に多く分布する（図4.13）．一方，奥行き 100～1,000 m 程度の小～中規模の地すべりは，網走構造線の一部にあたる二又断層沿いの二又からチミケップ湖にかけて集中して分布する．

　地すべり斜面の分布を地質との関係で見ると，この地域の地すべりは，硬質頁岩と軟質なシルト岩の互層が卓越し，凝灰岩～凝灰質シルト岩の薄層を挟む漸新世後期の達媚層や中新世前期の津別層で構成され，褶曲構造や断層が発達する地域に集中している．この中で特に活動度が高いのは達媚層の砂質シルト岩・シルト岩・凝灰質砂岩分布域（ケミ

地すべり活動度評価チェックリスト

直感危険度 高 ⇔ 中 ⇔ 低

観察アイテム		高い ← 活動度 → 低い	AHP
地すべりの発達段階	A. 型分類 (特徴的微地形)	14.9 粘性土地すべり 10.5 6.1 崩積土地すべり 4.3 2.5 風化岩地すべり (ex. 流動痕・圧縮丘) (ex. 副滑落崖) (ex. 分離崖・溝状凹地)	
	B. 発達過程	12.2 亀裂・段差多数 8.5 4.7 ← ブロック未分化 2次ブロック化 (微地形多い) 8.5 4.7 ガリーの侵入 → 3.2 1.8 開析谷の発達 (地すべりの消滅)	
地すべり活動の新しさ	C. 不動域/滑落崖	1.8 後背亀裂有 1.1 崩壊壁のみ有 0.4 匍行斜面化 0.3 ガリーの伸長 0.1 全体が従順化	
	D. 滑落崖/移動体	1.9 左記地形のみ 1.1 崖錐あり 0.7 大規模な崖錐 0.4 滑落崖・崖錐・移動体が連続	
	E. 移動体内の 微地形の鮮明さ	15.1 亀裂あり・植生異常 6.9 微地形境界が鮮明 2.4 境界が不鮮明 1.2 微地形境界の消滅	
	F. 移動体の前面	12.8 前面に崩壊 2.9 移動体のみ ガリー・沖積錐あり 1.8 地表の従順化 1.2 移動体原面消失	
地すべりのポテンシャル	G. 移動体の傾斜 (地形図から読み取る)	12.3 急傾斜 9.2 おおむね10〜20° 6.1 緩傾斜	
	H. 地すべり平面形状	2.6 下に開く 1.8 1.0 上下等幅 0.7 0.4 下に閉じる・ボトルネック	
	I. 移動体下部の 縦断面形状	9.9 凸型(convex)斜面 (不安定物質多い) 5.5 中間 3.0 凹型(concave)斜面 (不安定物質少ない)	
	J. 地すべり末端の 浸食環境	16.5 末端が 13.1 9.7 河川・海岸に 7.5 5.4 沢に面する 3.7 2.0 沢・海岸に面して 河川攻撃斜面 面する いない	
地すべり移動体内 特記すべき小ブロック		あり ・ なし (位置および全体との関係：)	

その他の事項：周囲から水の入り込みやすい地形，すべり面の形状，末端河川の屈曲，対岸の崩壊などの記述

AHP評価合計点 　　　点

図4.11 北海道の地すべり活動度評価カルテ

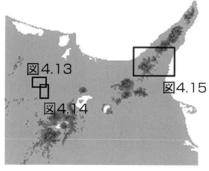

図4.12 地すべり評価を実施した地域

チャップ川流域やチミケップ川下流側）である（図4.13）．このような分布特性は達媚層や津別層の主要な地質構成岩である泥質岩が風化作用によって容易に細片状〜泥状になったり，挟在する凝灰質岩が粘土化してすべり面となったり，断層や褶曲構造，さらにこれらに伴って発達する小断層や節理によって著しく破砕されていることを反映している．

　この地域の地すべりのAHP評価点は最低40.1点，最高75.3点，平均53.1点であった．石丸ほか（2013a）による活動度のランク区分を適用すると，A判定（60点以上）

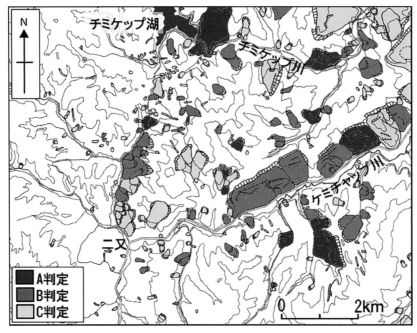

図 4.13 津別南部地域の活動度判定別地すべり分布

が 18.0%, B 判定（50 点以上 60 点未満）が
44.3%, C 判定（50 点未満）が 37.7% と
なった. 当地において 1952 年からの 55 年間
に撮影された 12 時期の空中写真をもとに,
変状の形跡の見られた地すべり斜面を抽出し
た結果, それらは高得点（A〜B 判定上位）
の地すべりに集中することがわかった（伊藤
ほか, 2014）.

4.3.3 ドードロマップ川流域の地すべり

この地域は上述の津別南部地域の南隣に接
しており, 地質は津別南部の東側とおおむね
同様である. この流域周辺特有の地質状況と
しては, 斜面上部に第四紀の阿寒火砕流溶結
凝灰岩が載るキャップロック構造となり, そ
の結果, 尾根部は緩斜面が発達する. また,
ドードロマップ川中〜下流域には川沿いに背
斜構造の軸が伸びており, 谷の両側斜面はい
ずれも受け盤構造となる（山口・沢村,
1965）.

この地域の地すべり斜面は, 中〜小規模の
ものが 41 カ所判読されていた（地すべり学

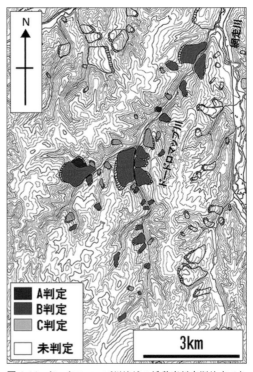

図 4.14 ドードロマップ川流域の活動度判定別地すべり
分布

会北海道支部, 1993). これらの地すべり斜面は達媚層の砂質シルト岩分布地域にやや多く見られる.

AHP 評価点は最低 43.1 点, 最高 60.9 点, 平均 51.9 点であった. 活動度のランク区分を適用すると, A 判定 4.9%, B 判定 60.9%, C 判定 34.2%で, A 判定の地すべりが少なく, B 判定が多いという特徴を持つ. この地域で 60 点以上の A 判定となったのは 2 カ所のみであった (図 4.14). このうち上流側のものが最高得点であり, この地域に点在する屈斜路火砕流堆積物 (Kp4) が達媚層の硬質頁岩上を覆う斜面にあたる. 達媚層の砂質シルト岩が分布するドードロマップ川上流部の小規模な地すべりと中流部の中規模な地すべり, 下流部の背斜軸沿いの硬質頁岩分布地域, さらには阿寒火砕流溶結凝灰岩の載るキャップロックの山稜緩斜面下でやや得点の高い B 判定が集中する (図 4.14).

ドードロマップ川の地すべりは, 砂質岩の分布地域に多く, 地すべり斜面の形状が凸型

で, 低角のすべり面を持つと見られるものが多いなど, 地震により生じる地すべりの特徴を持つ. このことから, 網走構造線など周囲に分布する断層が関係することも想定される.

4.3.4 知床半島基部の地すべり

この地域の対象範囲は, 遠音別岳(オンネベツ)の西側〜南東側の山麓から海別岳(ウナベツ)の北西側〜南側の山麓にかけて広がる山地・丘陵地域にあたる. 北東-南西方向に延びる標高 700〜1,000 m の稜線を挟み北西がオホーツク海側, 南東が根室海峡側となる. オホーツク海側と根室海峡側では気候は大きく異なり, オホーツク海側で年間降水量 1,000 mm 程度, 夏期 (5〜11 月) 降水量 700 mm 前後に対し, 根室海峡側で年間降水量 1,300〜1,400 mm, 夏期降水量 1,000〜1,100 mm と 3〜4 割増となる.

一方, 地質については, 遠音別岳や海別岳の火山周辺は第四紀溶岩が分布し, 稜線を挟

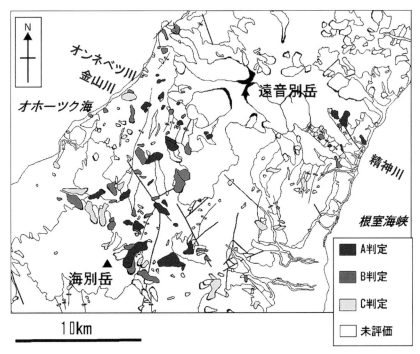

図 4.15 知床半島基部の活動度判定別地すべり分布

み標高の高い上流側は中新世忠類層などの火
山角礫岩等からなる火砕岩，下流側には中新
世越川層などの堆積岩からなる．

　ここでの地すべり活動度の判定は，北海道
の地すべり地形分布図（地すべり学会北海道
支部，1993）に示されている地すべり斜面
132 カ所を対象とした（図 4.15）．AHP 評価
点は最低 30.0 点，最高 77.8 点，平均 53.0
点であった．活動度のランク区分を適用する
と，A 判定 25.0%，B 判定 33.3%，C 判定
41.7% となる．活動度の高い地すべりは，2
次ブロック化が進み，移動体前面に裸地状の
すべり・崩壊が多く見られるのが特徴的であ
る．

　知床半島のオホーツク海側（北西側）と根
室海峡側（南東側）を比較すると，オホーツ
ク海側の方が C 判定が少なく，地すべり活
動度はやや高い．降水量は根室海峡側が多い
にもかかわらず，地すべり活動度はオホーツ
ク海側の方が高い傾向となった．一方，地質
に注目すると，根室海峡側の堆積岩地域では
A 判定の中でも特に評価点の高いものが多
い（65 点以上が 27.3%）．活動度の高い地す
べりは，オホーツク海側のオンネベツ川流
域，金山川流域や，根室海峡側の精神川流域
など，堆積岩分布地域に多く認められる．オ
ホーツク海側の方が根室海峡側より活動度の
高い地すべりが多いのは，堆積岩が広く分布
することに起因するものとみられる．

4.3.5　地すべり活動度の比較

　以上に紹介した各地域の地すべり活動度を
比較する．ここで，津別南部地域で示した図
4.13 の地すべり 253 カ所には，極めて小規
模なものや地形の不明瞭なものを含むため，
ほかの地域と条件を揃え，地すべり学会北海
道支部（1993）により判読された地すべり
（60 カ所）のみを対象として比較する．隣接
する津別南部地域とドードロマップ川流域は
地質もほぼ同様であることから，両地域を合

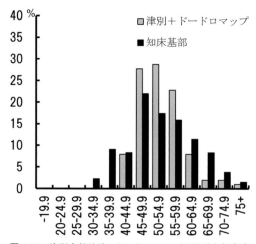

図 4.16　津別南部地域・ドードロマップ川流域と知床半
島基部の AHP 評価点分布

わせて 101 カ所を対象とし，知床半島基部の
132 カ所の地すべりの活動度と比較する．

　全体的傾向を見ると知床半島基部の方が地
すべり活動度の高い傾向にある（図 4.16）．
知床半島基部では A 判定にあたる 60 点以上
の地すべりが多い．一方の津別南部地域と
ドードロマップ川流域では AHP 得点 45～60
点の C 判定上位～B 判定の地すべりが多い．
知床半島基部の地すべりは，移動体前面に裸
地状のすべり・崩壊が多く見られることか
ら，知床半島基部の活動度がより高いのは，
地すべり末端河川の侵食力が活発であること
が大きく影響するものと考えられる．

謝辞　　この稿における主要解析は故伊藤陽
司が実施したものであるが，2018 年に他界
されたため，これらの研究で主に写真判読や
地すべり活動度判定等に協力した石丸が執筆
した．伊藤作成の原図探しにあたっては，北
見工業大学の渡邊達也助教にご協力いただい
た．なお，北海道の地すべり活動度評価の設
定は，雨宮和夫，田近淳，坪山厚実，中村
研，横田寛，若山茂（故人）諸氏との経験に
基づくものである．以上の方々に感謝申し上
げる．
　　　　　　　　　　　　〔石丸　聡・伊藤陽司〕

表 4.3　テグシガルパ市での河谷沿い地すべり地形再活動性評価のためのイラスト化されたウェイト表

階層 II	階層 III
地すべり地形の発達 — 地すべり移動体表面の微地形の明瞭さから推定される活動度	明瞭：9 ←———— 4 ————→ 不明瞭：0 〔崖錐堆積物〕
地すべり地形の発達 — 地すべり移動体の分化から推定される活動度	細分化：10 ←——→ 複数：5 ←——→ 単体：1
地すべり移動体の安定性を左右する要因 — 地すべり移動体断面から推測される推進力の強弱	16 ←—— 10 ←—— 5 ←—— 1 ——→ 0　崩壊が発生する急斜面／遷急線が明瞭な急斜面／遷急線が丸みを帯びた凸型斜面／直線型斜面／凹形斜面
地すべり移動体の安定性を左右する要因 — 地すべり移動体末端の被浸食性	16 ←—— 5 ←—— 1 ——→ 0　攻撃斜面／滑走斜面／すべり面が河床より高い位置にある／すべり面が斜面の高い位置にある
水の供給 — 地すべり移動体への上部斜面からの水の供給されやすさ	谷頭：10 ←———— 直線斜面：5 ————→ 尾根型：1
地表の状態 — 家庭排水の浸透が懸念される無秩序な都市化・荒廃斜面の存在	5 ——→ 3 ——→ 1 ——→ 0　急崖上位での住宅開発／凸斜面上の無秩序住宅開発／荒地化した凸型斜面でのまばらな住宅分布／荒地化した凸型斜面

イラスト上部の数値は配分されるウェイト値.

表4.4 テグシガルパ市のキャップロック地域周辺における地すべり地形再滑動評価のためのウェイト表

	Level II	Level III
地すべり地形の発達	地すべり移動体表面の微地形の明瞭さから推定される活動度	明瞭：8 ←――――― 5 ――――→ 不明瞭：0
	地すべり移動体の分化から推定される活動度	細分化：12 ←――→ 複数：5 ←――→ 単体：1
地すべり末端の形態と安定性	地すべり移動体断面から推測される推進力の強弱	16 ←――→ 10 ←→ 5 ←――→ 1 ―→ 0 崩壊が発生する急斜面　遷急線が明瞭な急斜面　遷急線が丸みを帯びた凸型斜面　直線型斜面　凹形斜面
位置的条件	地形・地質的条件	9 ←――――――→ 4 ←――――→ 0
水の供給	地すべり移動体への上部斜面からの水の供給されやすさ	谷頭：10 ←――― 直線斜面：5 ―――→ 尾根型：1
地表の状態	家庭排水の浸透が懸念される無秩序な都市化・荒廃斜面の存在	7 ――→ 3 ←→ 1 ―→ 0 急崖上位での住宅開発　凸斜面上の無秩序住宅開発　荒地化した凸型斜面でのまばらな住宅分布　荒地化した凸型斜面

イラスト上の数値は配点.

4.4　ホンジュラス・テグシガルパの事例

　AHP による地すべり地形の再活動性（susceptibility）評価は，ある地域における地形・地質のみならず，土地利用などの社会環境を評価項目に組み入れる必要がある場合もある．開発途上国の場合，首都周辺の傾斜地や地すべり地形内に集落が無秩序に形成され，不完全な下水道からの漏水が地すべりを引き起こしたりする．表 4.3 は，中米・ホンジュラスの首都テグシガルパ市内の地すべり地形に対する再活動性評価において作成したウェイト表である．地すべり地形判読の初心者でも理解しやすいように，イラストや模式断面を書き入れたものとなっている．ここでは，表 4.1 で紹介した項目を整理するとともに，地形条件として地すべり地形内への水の供給しやすさを加え，さらに地すべり地形内への無秩序な集落形成についても評価できるように改良した（Yagi, 2016；Yagi *et al.*, 2021）．以上のように，AHP を用いた地すべり地形の再活動性（susceptibility）評価においては，地すべりの地形発達的視点や地すべりの安定性に直接影響を与える末端における被侵食性や推進力の残存状況といった地形的・位置的要素の検討以外に，その場の地質的特徴や社会環境的要素も考慮して進める必要がある．テグシガルパにおいては，厚い溶岩や溶結した火砕流堆積物が古第三紀の泥岩層を覆いキャップロック構造を示す場所もあるため，地下水の湧出と泥岩層との境界を考慮した評価を行えるように別のウェイト表を用意した（表 4.4）（Yagi *et al.*, 2021）．

〔八木浩司〕

文　献

[4.1 節]

濱崎英作・佐々木明彦・八木浩司・宮城豊彦・奈倉　弘・前田修吾（2011）．空中写真判読に基づく地すべり危険度評価手法について．第 39 回地すべりシンポジウム「土砂災害に関わる危険度評価とリスクマネージメント」．

濱崎英作・戸来竹佐・宮城豊彦（2003）．AHP を用いた空中写真判読結果からの地すべり危険度評価手法．第 42 回日本地すべり学会研究発表会講演集．227-230．

岩手県（2003）．平成 14 年度岩手県地すべり地形抽出及び危険度判定マニュアル策定業務委託報告書，社団法人地すべり学会．

宮城県（2006）．平成 18 年度総流砂防調査 209-202 号　地すべり地形の危険度判定手法開発及び危険度評価業務報告書，社団法人地すべり学会．

[4.2 節]

磯崎義正（1975）．新潟-北陸地域における Mass-wasting の地質学的研究．東北大学大学院理学研究科博士論文．https://tohoku.repo.nil.ac.jp

八木浩司・檜垣大助・日本地すべり学会平成 14 年度第三系分布域の地すべり危険箇所調査手法に関する検討委員会（2009）．空中写真判読と AHP 法を用いた地すべり地形再活動危険度評価手法の開発と阿賀野川中流域への適用．日本地すべり学会誌，**45**（5），358-366．

[4.3 節]

石丸　聡・田近　淳・雨宮和夫・伊藤陽司・坪山厚実・中村　研・横田　寛・若山　茂・川上源太郎（2013a）．空中写真判読による地すべり活動度評価とその解説．土砂災害軽減のための地すべり活動度評価手法マニュアル（北海道立総合研究機構地質研究所），pp.4-20．

石丸　聡・田近　淳・雨宮和夫・伊藤陽司・坪山厚実・中村　研・横田　寛・若山　茂・川上源太郎（2013b）．AHP 法による北海道における地すべり活動度評価手法の開発．土砂災害軽減のための地すべり活動度評価手法マニュアル（北海道立総合研究機構地質研究所），pp.45-52．

伊藤陽司（1995）．北海道東部，網走・北見・津別地域における地すべり地形の特徴と最近の地すべり災害．地すべり，**32**（2），32-40．

伊藤陽司・石丸　聡・牧野勇治・田中　俊（2016）．網走川支流，ドードロマップ川の流域での地すべり斜面の活動性評価．平成 28 年度日本地すべり学会北海道支部研究発表会予稿集，13-16．

伊藤陽司・石丸　聡・中村　研・川上源太郎（2014）．北海道東部，津別地域での AHP 評価シートを用いた地すべり活動性の評価．日本地すべり学会誌，**51**（3），20-25．

伊藤陽司・牧野勇治・石丸　聡・田中佑郎（2015）．北海道東部，知床半島基部における AHP 評価シートを用いた地すべり活動性の評価．平成 27 年度日本地すべり学会北海道支部研究発表会予稿集，37-40．

地すべり学会北海道支部監修，山岸宏光（1993）．北海道の地すべり地形—分布図とその解説—．

Miyagi, T., Gyawali, P. B., Tanavuid, C., Potichan, A. and Hamasaki, E. (2004). Landslide risk evaluation and mapping：Manual of aerial photo interpretation for landside topography and risk management. *Report of the National Research Institute for Earth Science and Disaster Prevention*, **66**, 75-137.

山口昇一・沢村孝之助（1965）．5 万分の 1 地質図幅「本岐」および同説明書，地質調査所．

[4.4 節]

Yagi, H.（2016）. Landslide susceptibility mapping adopting AHP method. Proceeding of Second central American and Caribbean Landside congress., pp. 177-182.

Yagi, H., Hayashi, K. and Sato, G.（2021）. Landslide susceptibility mapping by interpretation of aerial photographs, AHP and precise DEM. *Understanding and Reducing Landslide Disaster Risk*（Guzzeti, F., Mihalić Arbanas, S., Reichenbach, P., Sassa, K., Bobrowsky, P. T. and Takara, T. eds.）, ICL Contribution to Landslide Disaster Risk Reduction Volume 2 From Mapping to Hazard and Risk Zonation, pp. 33-56.

数値地形情報による地すべり
評価への展開

5

近年，航空レーザ測量等に代表される高精度な地形データの普及により，詳細かつ多彩な地形表現が提案されている．それらを用いた地すべり地形の判読や評価が行われるとともに，地すべりや崩壊の発生と相関性の高い地形量を分析して，斜面の危険度評価に利用する手法も提案されている．

本章では，はじめに数値地形情報に関する基礎的な知識とそれによる地形表現手法について概説し（5.1節），次にそれらを利用した地すべり地形の判読や斜面の危険度評価手法を紹介したい（5.2節）．

5.1 数値地形情報による地形表現

5.1.1 数値地形情報について
a. DEMとは？

DEMは「数値標高モデル（Digital Elevation Model）」の略語であり，連続する標高データによってある空間の地形を表現したものや，あるいは数値化された標高データそのもののことを指す．特に，地面の標高だけを用いて地形を表現したものをDTM（Digital Terrain Model，数値地形モデル）と呼ぶのに対し，地表に存在する植生や建物の形状を含んだ標高データをDSM（Digital Surface Model，数値表層モデル）と呼んで区別することがある（図5.1）．つまり，空中写真を立体視している場合は，DSMにあたる地表面を観察しつつ，地形を推定しながら判読することとなる（例えば，樹冠の高低差や開きから，地形の亀裂を推定する，など）．航空レーザ測量で得たオリジナルデータから作ら

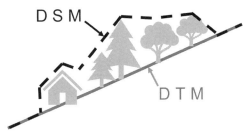

図5.1 DTMとDSMの違いを示した概念図

れる標高モデルがDSMであり，オリジナルデータをフィルタリングすることで地面の標高のみを抽出したグラウンドデータから作られるものがDTMにあたる．

DEMは通常，メッシュ状の等間隔の標高データとして提供されることが多いが，空間にランダムに分布する標高点から三角形要素を生成して地形を表現するTIN（Triangle Irregular Network，不規則三角網）のような形式も広義のDEMに含まれる．このため，平面的な空間分解能によってその精度を1 m DEM（あるいは1 mメッシュ），5 m DEM，10 m DEM，50 m DEM……のように表すことが一般的である．GIS（地理情報システム）上でDEMを処理する際も，ピクセル値の集合であるラスタ形式によるDEMが主に用いられる．

近年の航空レーザ測量や人工衛星によるリモートセンシングでは，空間分解能が1〜5 m程度の詳細なDEMが広域で得られるようになってきており，UAV等による局所的な測量ではさらに詳細なcm単位の空間分解能を持ったDEMも取得される．

b. DEM データを入手する

国内外の機関から公表されている主な DEM データの例を表5.1に示す.

（1）国内のデータ

日本国内の DEM データは，国土地理院によって「基盤地図情報」の「数値標高モデル」として公開されている. 基盤地図情報の数値標高モデルは10 m メッシュと5 m メッシュのものがあり，1/25,000 地形図（一部は 1/10,000 の火山基本図）の等高線をもとに作成された10 m メッシュは全国の陸域をカバーしている. また，航空レーザ測量（一部は地上画素寸法20〜40 cm の数値空中写真）をもとに作成された5 m メッシュについても，都市部や主要交通網，主要河川沿いを中心に順次公開が進んできており，最新の5 m メッシュの提供範囲や作業年度は，ほかの基盤地図情報の更新情報とともに地理院地図の情報リストから参照できる（図5.2）.

（2）海外のデータ

海外を含む地球全体の陸域をカバーするデータでは，人工衛星によるリモートセンシングで得られたデータが入手しやすい. 代表的なものは，JAXA の陸域観測技術衛星「ALOS（だいち）」の立体視センサ PRISMによる DSM データである ALOS World 3D（AW3D）があげられる. 空間分解能2.5 mおよび5 m メッシュのデータは有償である

が，同 30 m 相当（緯度経度1秒単位）の ALOS World 3D-30 m（AW3D30）は，商用・非商用目的を問わず無償で利用できる.

（3）海底・水面下のデータ

主に陸域を対象とした斜面の分析では，水底のデータが必要になるケースは少ないが，例えば海岸や湖沼などに沿った場所で解析対象斜面が水面下に連続しているような場合には，水面下の地形データも必要となることがある.

日本沿岸の海底地形のデータとしては，無償のものでは海上保安庁／日本海洋データセンターの500 m メッシュ水深データが公表されている. また，国土地理院の湖沼調査による湖底地形データもホームページ上で公表されている. なお，地すべりの解析ではダム湖の水面下に連続した斜面を取り扱うことがあるが，現時点でダム湖の湖底データを公表している機関はなく，これに関しては（4）に示す過去の地形図の等高線や空中写真から DEM を生成する方法が考えられる.

その他，海外の陸域・海底地形を含む全球の DEM データとしては IEDA（Interdisciplinary Earth Data Alliance）の Global Multi-Resolution Topography（GMRT）Data Synthesis などがあげられる. GMRTはさまざまなソースのデータをモザイク状に組み合わせたモデルで，場所によって解像度

表5.1　さまざまな DEM データの例

範囲	提供機関	名称	解像度 種別	ソース
国内・陸域	国土地理院 基盤地図情報 数値標高モデル	DEM5A	5 m DTM（一部）	航空レーザ測量
		DEM5B, C	5 m DTM（一部）	写真測量
		DEM10A	10 m DTM（一部）	火山基本図の等高線
		DEM10B	10 m DTM（全国）	地形図の等高線
国内・海域	日本海洋データセンター	J-EGG500	500 m／海域	各種海洋調査機関による 複数の水深測量
海外・陸域	ALOS World 3D	AW3D30	30 m DSM	ALOS 3D 立体視センサ
		AW3D 標準版（有償）	2.5 m／5 m DSM／DTM	
海外・全球	Interdisciplinary Earth Data Alliance（IEDA）	GMRT	10〜30 m／陸域 0.1〜2 km／海域	さまざまなソースの DEM のモザイク

本章に記載したもの. AW3D 標準版以外は無償でダウンロードできる.

図 5.2 地理院地図による基盤地図情報の更新情報の閲覧
航空レーザ測量による DEM の提供範囲が色分けで示されており，クリックするとその範囲の作業年度が閲覧できる.

の良し悪しがあるが，全球の陸域～海底の
シームレスな DEM をダウンロードできる.

（4）過去のデータ

上述したような公表されている DEM デー
タは，新しい計測によって範囲が拡大・更新
されていくことが多い．一方，過去の災害を
分析対象としたときには，その災害の発生前
の地形データが必要となることがある．この
ような場合は，必要な時期の測量成果の有無
を個別に探すことになる（例えば，国土地理

院の公共測量実施情報データベース）．ただ
し，デジタル地形データが普及する以前のも
のについては紙ベースの等高線をデジタイズ
して DEM を生成する必要がある.

なお，最近では写真測量による 3 次元モデ
ル生成技術（SfM：Structure from Motion）
を利用して，過去に撮影された空中写真から
当時の詳細な DSM を生成するような手法も
見られる（内山ほか，2014）．国内において
は，戦後の米軍による撮影以降，複数の撮影

年度の空中写真が，国土地理院の「地図・空中写真閲覧サービス」により公開されている．

c.　DEM の座標系と投影変換

DEM の標高（Z）値は通常 m 単位で記述されているため，5.1.2 項以降に示すような地形解析を行うにあたっては平面座標（XとY）の値も m 単位のデータを用いる必要がある．表5.1 に示したような DEM データも，多くは平面座標が地理座標系（緯度経度単位）である場合が多く，これを m 単位の投影座標系に変換する必要がある．

地理座標系から投影座標系への変換は，通常 GIS ソフトウェア上の一機能として提供されている．国内のデータに用いられる地理座標系は，主に東京測地系（Tokyo Datum），世界測地系 2000（JGD 2000），世界測地系 2011（JGD 2011）の3つである．メタデータ等に定義されている測地系を確認するが，不明な場合は 2001 年の測量法改正以前のデータは東京測地系，2011 年の東日本大震災による地殻変動を踏まえた測量法改正以前の

データは JGD 2000 である可能性が高い．衛星データや全球モデルのデータは WGS 1984 で定義されていることが多い．

一方，投影座標系は緯度経度で表現される地理座標をある範囲の平面に投影したもので，原点から離れた場所ほど誤差が大きくなる．このため誤差を一定範囲内に収めるために，いくつかのゾーン（帯）に分割して場所ごとの投影座標系が定義されている．国内においては，平面直角座標系が通常用いられており，日本全国が 19 の座標系に分けられている．国土地理院のホームページ「わかりやすい平面直角座標系」で各座標系の区域や原点の位置を確認できる．海外においては，楕円体を一定間隔の経線で分割した UTM 座標系を用いることが多いが，日本と同様に各国独自の座標系も存在する．

GIS 上では，「投影変換」や「再投影」といった表現でこれらの変換を行うツールが提供されている（図5.3）．ラスタ形式の投影変換を行う場合は，入出力ファイルの座標系を定義することに加えて，リサンプリング手

図5.3　GIS ソフトウェアによるラスタの投影変換・再投影時の設定例
（左）ArcGIS，（右）QGIS．標高のような連続値のリサンプリングにはバイリニア等を用いる．

法（投影変換で変形したものを等間隔のピクセルに再構成する際の処理法）や出力セルサイズといったパラメータを指定する．DEMを投影変換する場合には（標高値などの）連続的なデータの変換に適した線形補間（バイリニア，bilinear）法などを使用し，出力セルサイズは元データの空間分解能に応じた数値を指定する．

投影座標系に定義されたラスタ形式のDEMを用いて，5.1.2項に示すような地形量の算出等の解析を行うことができる．

〔林　一成〕

5.1.2　数値地形情報による地形表現手法

a.　地形量とは？

DEMの標高値から計算される2次的な地形情報を地形量と呼ぶ．地形量は，主に傾斜角度や傾斜方向といった斜面の傾きを表すものと，ラプラシアンや開度のように斜面の起伏や凹凸を表すものに分けられる．基本的な地形量の計算ツールはGISソフト上で提供されており，DEMを入力することでそれぞれの地形量のラスタデータが得られる．

地すべりや斜面の地形解析によく用いられ

る代表的な地形量を表5.2に示す．その他，個々の地形量の詳細や地形学的な意味については，表5.2に示した文献や太田・八戸（2006）に詳しい．また，GISソフトによる計算の詳細はヘルプメニューに詳しく記載されている．

b.　地形量を使った立体地形表現手法

地形の傾きや起伏を表す複数の地形量を合成することで，平面図でありながら3次元的な地形を視覚化できるさまざまな立体地形表現手法（立体可視化図，3次元地形図などとも呼ばれる）が提案されている．かつては，斜度と傾斜方向データを利用した陰影起伏図（ある一定方向の光源を仮定して，光源に面した部分を明るく，反対側を暗く表示したもの）が地形判読に多く用いられたが，光源に対して陰になる斜面は一様に暗くなってしまって細かい地形が見えなくなる等の欠点があった．

このため，使用する地形量や合成方法を工夫した多くの立体地形表現手法が提案された（表5.3）．それぞれの立体地形図の詳細については，表5.3に示したURLや文献に記載されているのでそちらを参照されたいが，い

表5.2　地すべり等の斜面の地形解析によく用いられる地形量（表中の文献および太田・八戸（2006），藤沢・笠井（2009）をもとに作成）

大まかな分類	地形量の種類	概要・特徴	定義
地形の傾きを示すもの	傾斜量・斜度	標高の変化の割合	標高の一次微分のベクトルの絶対値
	傾斜方位	標高の変化の割合が最大となる方位	標高の一次微分のベクトル
地形の起伏や凹凸を示すもの	ラプラシアン	傾斜の変化の割合であり凹凸を示す 同一の曲面であっても傾斜が大きいほど値が大きくなる（西田ほか，1997）	傾斜の微分，標高の二次微分
	平均曲率	ラプラシアンと同様に凹凸を示すが同一の曲面であれば傾斜に依存せず一定値となる（西田ほか，1997）	対象地点を通る測地線の曲率（曲率半径の逆数）の平均
	開度	周辺に比べて地上に突き出している地形（地上開度）または地下に食い込んでいる地形（地下開度）の程度（横山ほか，1999）	全方位の地上角の平均（地上開度） 全方位の地下角の平均（地下開度）
	粗度	地形の大まかな起伏を表現する曲線に対して実際の地形の凹凸を示すもの（登坂・平澤，2003）	周辺地形の補間曲線と実際の標高との偏差や相関
	起伏量	地形の振幅の大きさの程度 隣接する谷と尾根の比高（野上，1985）	単位面積内の最高点と最低点の比高 接峰面と接谷面の比高

表 5.3　主な立体地形表現とその概要

名称	概要・文献	参照情報・URL
陰影起伏図	一定方向の光源を仮定して斜度と傾斜方向によって陰影をつけたもの（Raghavan *et al.*, 1993）	ARIES：陰影画像の自動作成・強調サブルーチン，情報地質 4 巻 2 号 doi.org/10.6010/geoinformatics1990.4.2_59
赤色立体地図（RRIM）	斜度と開度の合成（千葉・鈴木，2004）	赤色立体地図 https://www.rrim.jp/
ELSAMAP	標高と斜度の合成（向山・佐々木，2007）	地形量解析（エルザマップ），国際航業（株）http://www.kkc.co.jp/service/base_technologies/earthchange/index.html
陰陽図	長波長の地表面と原地表面の差（≒粗度）による凹凸を陰値・陽値として表現し，垂直光源の陰影図（≒斜度）と合成（秋山・世古口，2007）	陰陽図（IN-YOU-ZU），朝日航洋（株）https://www.aeroasahi.co.jp/spatialinfo/inyouzu/
地形起伏図	標高と斜度と開度の合成（千田，2014）	各種地形解析図，中日本航空（株）https://www.nnk.co.jp/research/product/data/analysis-maps.html
スーパー地形	陰影，斜度，凹凸図の合成を輝度成分とし標高による段彩図を重ねたもの（杉本，2018）	スーパー地形セット，カシミール 3D https://www.kashmir3d.com/online/superdem/
凸凹地図（多重光源陰影段彩図）	3 方位の陰影図を合成したもの（多重光源陰影起伏図）と標高段彩図を合成（石川・鈴木，2015）	新たな地図表現を目指して，（株）東京地図研究社 http://www.t-map.co.jp/products/maprepresentations.htm
地貌図	標高，斜度，比標高（接谷面から現地形までの標高差の起伏量に対する比）の合成（田中ほか，2010）	地貌図，（株）シン技術コンサル http://www.shin-eng.info/chibouzu/about.html
CS 立体図	標高，斜度，平均曲率の合成（戸田，2014）	CS 立体図，G 空間情報センター https://www.geospatial.jp/gp_front/csmap
立体微地形図（MT3DM）	地すべり地形判読に適したパラメータで標高，斜度，曲率を合成（池田ほか，2018）	本書の 5.1.3 項を参照
赤青立体地図	斜度や開度等のアナグリフ（横山，2014）	赤青立体地図，（株）タックエンジニアリング http://www.tac-e.co.jp/ygs/index.html

ずれも起伏や傾斜などの表現の組合わせやフィルタ処理を行うことで，崖・はらみ出し・亀裂といった微地形による起伏を強調し，立体的に地形を認識できるように作られている．国内の 10〜30 m メッシュ程度の解像度の DEM による立体地形図は無償で公表されているものもある．　　　　〔林　一成〕

5.1.3　地すべり地形判読を目的とした立体微地形図

　5.1.2 項に示したように，航空レーザ測量の発展と普及により，地形の可視化を目的としたさまざまな立体地形図が考案されている．立体地形図はすでに防災分野のほか，さまざまな分野で活用されており，その有用性が認められているところである．また，

5.1.1 項で述べたように近年，全国をほぼ網羅した高精度の標高データ（航空レーザ測量による 5 m メッシュデータ；5 m DEM）が国土地理院より公開されるようになった．したがって，誰もが地域問わず高精度の標高データを利用し，立体地形図を作成できる環境が整いつつある．5 m DEM から作成される立体地形図は植生等の影響が排除された地形そのものを高精度に再現できる．

　池田ほか（2018）は国土地理院公開の 5 m DEM を利用して，地すべり地形判読を目的とした立体地形図である「立体微地形図」を考案した．立体微地形図は，地すべりスケールの地形を可視化することに特化し，これに最適なパラメータを模索して考案されたものである．地すべりスケールの地形表現が明瞭

で，地すべり地形判読に適している．本項では，池田ほか（2018）に基づき，立体微地形図の特徴やその作成手順について紹介する．

a. 立体微地形図の特徴

立体微地形図の考案にあたっては，地すべり地形の再現性のほか，広く技術者が活用できることも考慮している．作成に関わる大きな特徴として，以下の点があげられる．

・国土地理院無償公開の 5 m DEM を利用できる．

・地すべりスケールの地形表現が明瞭である．

・作成にあたっては，コスト面および技術面での制約が低く，誰もが容易に作成できるオープンソースの GIS ソフトを使用できる．

オープンソースの GIS ソフトとしては，QGIS（図 5.4）があり，ここではこれを使用する．

DEM を用いた立体地形図の 1 つに CS 立体図（戸田，2012；戸田，2014）がある．立体微地形図では，中小地形～微地形までさまざまな規模の地形表現に優れている CS 立体図の基本的な考え方を踏襲し，より地すべり地形の再現性に優れたパラメータを考案した．

CS 立体図は，GIS ソフトを用いて DEM から曲率図（curvature map）と斜度図（slope map）を作成し，それぞれの図を異なる色調で彩色し，透過処理を加えた上で重ねて作成された立体地形図である．CS 立体図

の特徴として，微地形は斜度図で，尾根や谷等の小地形は 10 m の範囲で平滑化処理（地形の凹凸を単純化）した DEM から作成した曲率図で表現していることがあげられる．

地すべり地形判読を目的とした立体微地形図と CS 立体図との大きな違いは，以下のとおりである．

・地すべり地形判読にあたっては，地すべりに特有の亀裂等の微地形抽出が重要となる．CS 立体図では亀裂等の微地形は斜度図の傾斜角の違いのみで表現しているが，これらの微地形境界をより強調するために，ここでは平滑化処理前の DEM（5 m DEM）からも曲率図を作成し，これに赤系の暖色で彩色し，透過処理を加えた上で地形図に重ね合わせる．こうすることによって，亀裂等はより強調される形となって微地形境界が鮮明になる．

・滑落崖等の比高差や地すべり移動体の起伏を把握する上で，標高に応じた段彩表現が重要となる．CS 立体図の段彩表現はグレースケール（黒-白）であるが，立体微地形図では，より視覚的に地形標高を認識できるように，高標高から低標高になるにつれて暖色から寒色に変化するように標高に応じてカラー設定した高度段彩図を重ね合わせている．

b. 立体微地形図の作成

（1）作成準備

① QGIS の導入

QGIS のダウンロードサイト（図 5.4）より，セットアップファイルを，使用しているパソコンに合わせて「32 bit 版」または「62 bit 版」を選択してダウンロードする．

ダウンロードしたセットアップファイルをダブルクリックして，セットアップウィザードに従って QGIS をインストールする．インストールが完了すると，デスクトップに QGIS のアイコンが格納されたフォルダが作成される．

図 5.4 QGIS の Web サイト

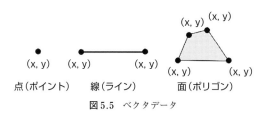

点（ポイント）　線（ライン）　面（ポリゴン）

図5.5　ベクタデータ

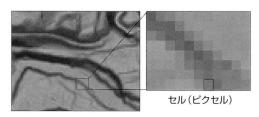

セル（ピクセル）

図5.6　ラスタデータ

② GIS のデータ形式

GIS を操作する上で，GIS のデータ形式について把握しておく必要がある．GIS のデータ形式には大きく 2 種類あり，1 つがベクタデータ，もう 1 つがラスタデータである．それぞれの特徴について以下に解説する．

・ベクタデータ

ベクタデータは点（ポイント）と線（ライン）と面（ポリゴン）に分類され，それぞれが座標（x, y）と属性情報を持つ（図5.5）．ベクタデータは QGIS ではシェープファイルとして保存される．シェープファイルは「図形情報と属性情報を持った地図データファイル」であり，複数のファイルのセット（拡張子が .shp, .shx, .dbf, .prj など）からなる．

・ラスタデータ

ラスタデータは格子状に並んだセル（ピクセル）で構成されるデータで，各セルは座標（x, y）と数値情報を持つ（図5.6）．ラスタデータは QGIS では GeoTIFF ファイル（拡張子が .tif）として保存される．

③ QGIS の注意事項

QGIS を使用するにあたっての重要な注意事項として，ファルダ名およびファイル名に日本語を使用しないということがある．日本語を使用すると，QGIS のコマンド実行時にエラーが出ることがあるため，なるべく英数字を使用する．

例えば，以下のようにパス名の一部に日本語が入っているとエラーが出る場合がある．「 C:¥Users¥Desktop¥地 す べ り ¥shape_data」 → NG

「C:¥Users¥Desktop¥jisuberi¥shape_data」

→ OK

このほか，地形解析を実施する場合は地理座標系を使用しないことを原則とする．QGIS を用いた地形解析において，地理座標系を用いると標高データ（単位：m）と平面距離（単位：度）の間で単位の不整合が生じてしまい，正しい結果が得られない．したがって，斜度や曲率などの地形解析を実施する場合は平面直角座標系などの投影座標系を使用する必要がある（5.1.1 項 c を参照）．

また，QGIS のヴァージョンによっては同じコマンドでもコマンド名に違いがある場合があり，注意が必要である．なお本書ではヴァージョン 3.8 の QGIS を用いているが，ご使用の QGIS とコマンド名が違っている場合がありえることをご了承願いたい．

（2）作成手順

立体微地形図の作成フローを図 5.7 に示す．具体的な作成手順を以下に解説する．

① QGIS の起動と座標系の指定

QGIS（QGIS Desktop 3.8）を起動し，「プロジェクト」-「新規作成」でファイルを作成する．次に「プロジェクト」-「プロパティ」-「座標参照系」によりファイルの座標系（CRS）を設定する．座標系は平面直角座標系「JGD 2011/Japan Plane Rectangular CS」[1]のうち，地域に応じた任意の系（図 5.8）を選択する．

---

1)　5 m DEM のラスタ化に際し，「基盤地図情報標高 DEM 変換ツール」を使用する場合，ヴァージョンによっては JGD 2011 に対応していないことがある．その場合は JGD 2000 を選択する．

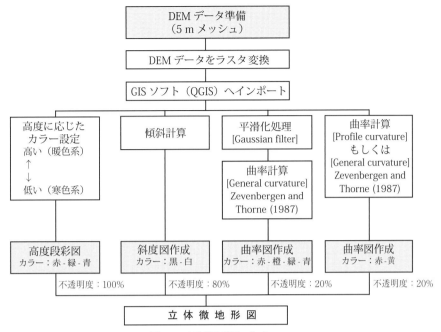

図5.7 立体微地形図の作成フロー

図5.8 日本の平面直角座標系（国土地理院の Web サイト）

②5 m DEM の準備

国土地理院の基盤地図情報のサイトの数値標高モデルにアクセスし（図5.9），選択画面より任意の図郭の DEM データ（XML ファイル）を入手する（図5.10）．DEM データの整備状況は基盤地図情報ビューア（国土地理院のサイト）で XML ファイルを開けば確認できる（図5.11）

③ラスタ形式の DEM（標高 DEM ラスタ）を作成

ダウンロードした XML ファイルを「基盤地図情報標高 DEM 変換ツール」（株式会社エコリスのホームページよりダウンロード）を用いてラスタ形式の DEM（本項では標高

図 5.9 基盤地図情報のダウンロードサイト

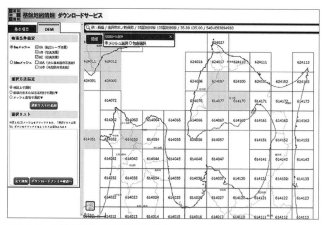

図 5.10 DEM データ選択画面（基盤地図情報ダウンロードサービスの DEM データ選択画面）

図 5.11 基盤地図情報ビューア

図5.12 基盤地図情報標高 DEM 変換
ツール内の変換結合コマンド

図5.13 投影法の選択メニュー

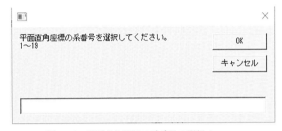

図5.14 平面直角座標の系番号の選択メニュー

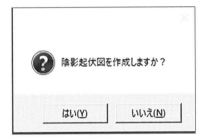

図5.15 陰影起伏図作成の選択メニュー

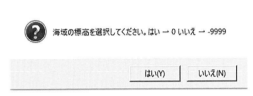

図5.16 海域の標高の選択メニュー

DEM ラスタと呼称）に変換する．以下に手順を示す．

・「基盤地図情報標高 DEM 変換ツール」フォルダ内にある「変換結合 .vbs」をダブルクリックし，ソフトを起動する（図5.12）．

・平面直角座標「2」を選択する（図5.13）．

・平面直角座標の系番号（図5.8）を入力する（図5.14）．

・陰影起伏図の作成については，任意で入力する（図5.15）．

・XML ファイルを格納しているフォルダを選択する．なお，②で入手した図郭が複数にまたがる場合は，あらかじめ XML ファイルを1つのフォルダにまとめておく．

・海域（水域）の標高を選択する（図5.16）．海域（水域）の標高について「はい」を選択

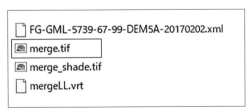

図5.17 作成された標高 DEM ラスタ（merge.tif）

し，「0 m」の標高を与えてしまうと，河川等の水域も0 mとなってしまう．水域に0 mの標高を与えられることにより，特に山地部では河川と山地の標高に大きなギャップが生じてしまい，立体地形図がいびつなものになってしまう場合がある．そこで「いいえ」を選択し，水域の標高を一旦「−9999＝No Data」としておく．その上で，④で解説するように，GIS 上で「No Data」の部分を周

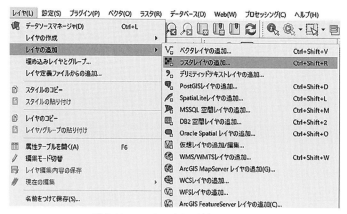

図 5.18　ラスタレイヤの追加コマンド

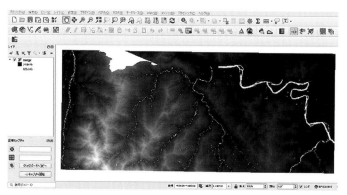

図 5.19　追加された標高 DEM ラスタ

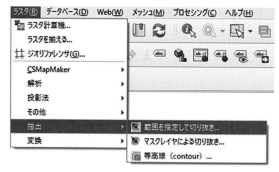

図 5.20　切り抜きコマンド

囲の標高から補間することにより，水域に対して周囲の標高と整合した標高を与えることができる．

・標高 DEM ラスタ（merge.tif）が作成される（図 5.17）．

④標高 DEM ラスタの調整

作成した標高 DEM ラスタ（merge.tif）を「レイヤ」-「レイヤの追加」-「ラスタレイヤの追加」（図 5.18）により QGIS に追加する（図 5.19）．ここで，図 5.19 のように標高 DEM ラスタの周縁部に大きなデータ欠損箇所等があり，ラスタがいびつな形をしていると，斜度や曲率の計算時にエラーが出る可能性がある．その場合はラスタを四角に切り抜く必要がある．

切り抜きの方法は，「ラスタ」-「抽出」-「範

図 5.21　切り抜き設定

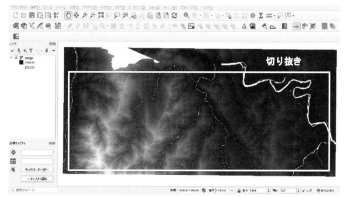

図 5.22　切り抜きの実行（データ欠損箇所の切り抜き）

図 5.23　nodata 値を内挿値で埋めるコマンド

図 5.24　nodata 値を内挿値で埋める設定

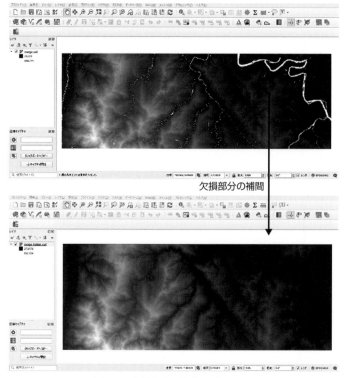

図 5.25　欠損部分の補間されたラスタ

囲を指定して切り抜き」コマンド（図5.20）を実行する．入力レイヤとして標高DEMラスタを指定し，切り抜き領域は「キャンバス上で領域を指定する」とし，データ欠損箇所を除いた形で四角形に切り抜く（図5.21，図5.22）．

また，③で水域部の標高を「No Data」とした場合，標高値の欠損部分を補間する必要がある．「ラスタ」-「解析」-「nodata値を内挿値で埋める」コマンドを実行（図5.23）し，

入力レイヤとして標高DEMラスタを指定する（図5.24）と，標高値の欠損部分が補間されたラスタが作成される（図5.25）．

⑤高度段彩図の作成

④で調整済みの標高DEMラスタを「レイヤ」-「レイヤの追加」-「ラスタレイヤの追加」によりQGISに追加して，標高DEMラスタのレイヤ上で右クリックし，メニューからプロパティを開く（図5.26）．

プロパティのシンボロジを選択し（図5.27），DEMラスタを高度（標高）に応じたカラーランプ（標高の高い方から赤-緑-青）により分類し（図5.28），高度段彩図を作成する（図5.29）．

⑥斜度図の作成

④で調整済みの標高DEMラスタを「レイヤ」-「レイヤの追加」-「ラスタレイヤの追加」によりQGISに追加して，QGISのコマンドメニューより「ラスタ」-「解析」-「傾斜」コマンドを実行し（図5.30，図5.31），斜度図を作成する（図5.32）．

作成した斜度図はレイヤプロパティのシンボロジでグラデーションを「白から黒」にし（図5.33），スケールの最小および最大をそ

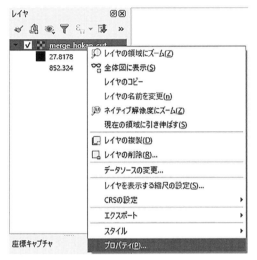

図5.26 レイヤプロパティ

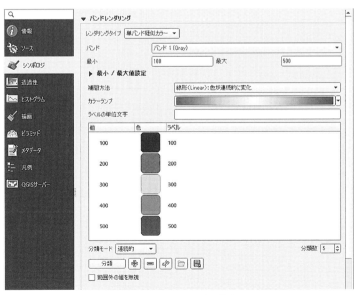

図5.27 シンボロジの設定

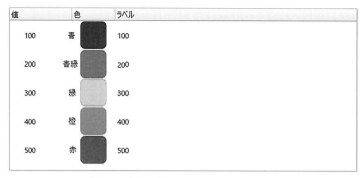

図5.28 高度に応じたカラーランプの設定例

図5.29 作成された高度段彩図

れぞれ「0」および「50」に設定する[2].さらにプロパティの透過性で透過処理(不透明度:80%)を施し,最終的な斜度図とする(図5.34).

⑦中小地形の凹凸を表現した曲率図の作成

④で調整済みの標高DEMラスタを「レイヤ」-「レイヤの追加」-「ラスタレイヤの追加」によりQGISに追加する.

次に,プロセシングツールボックス[3]の

「SAGA」-「Raster filter」-「Gaussian filter」コマンドを実行し(図5.35),DEMラスタの平滑化処理を行い,平滑化DEMラスタを作成する.「Grid」は標高DEMラスタを選択し,さらにGaussian filterによる平滑化の範囲は,地すべり地形を表現する観点から「Standard Deviation(標準偏差):3,Search Mode(検索モード):Circle,Search Radius(検索半径):10」に設定する(図5.36).

平滑化DEMラスタについて,プロセシングツールボックスの「SAGA」-「Terrain Analysis Morphometry」-「Slope, aspect, curvature」コマンドを実行する(図5.37).「Elevation」は平滑化DEMラスタを選択し,「Method」は「9 prameter 2nd order

---

[2] 斜度のグレースケールの閾値設定は目的とする地形スケールの表現に大きな影響を及ぼす.すなわちグレースケールの角度の最大値の設定次第で,色の濃淡に差異が生じ,それが地形の認識に影響する.例えば,グレースケールの最大値を必要以上に大きく設定すると,本来強調すべき微地形のなす角度(5m間隔の場合,隣接するセルの比高が1mの場合は約6度,2mの場合は約11度)は,淡い色を呈し,微地形の認識が困難になる.斜度図は地形表現の基図に相当する図なので,グレースケールの最大値は地形全体の斜度を考慮した上で慎重に設定する必要がある.なお地すべり地形を対象とする場合,微地形表現を明瞭にするため経験的に最大値は50度以下を推奨する.

[3] 画面にプロセシングツールボックスが表示されていない場合は,メニューの「プロセシング」-「ツールボックス」を選択し,画面上に表示させる.

図 5.30 傾斜コマンド

図 5.31 傾斜コマンドの設定

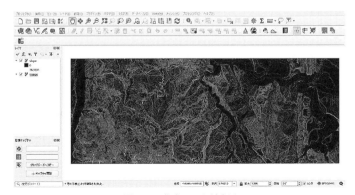

図 5.32 作成された斜度図

図 5.33　色階調の設定

図 5.34　斜度図（色階調調整）

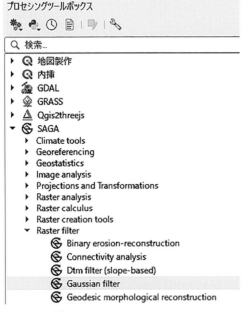

図 5.35　Gaussian filter コマンド

図 5.36　Gaussian filter の条件設定

polynom（Zevenberge & Thorne（1987））」
を選択する（図 5.38）．曲率計算のパラメー
タとして「General Curvature」にチェック
を入れ，曲率図を作成する（図 5.39）．

作成した曲率図はレイヤプロパティのシン
ボロジ（図 5.40）で，凸地形を暖色系（赤），
凹地形は寒色系（青）のカラー設定を行う
（図 5.41）．具体的には 4 色（青，緑，橙，

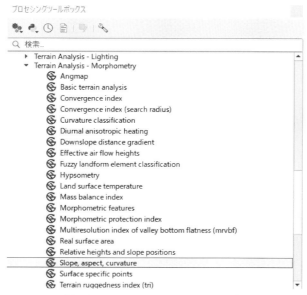

図 5.37 Slope, aspect, curvature コマンド

図 5.38 曲率計算の条件設定

赤）に区分し，閾値はそれぞれ「−0.05」「−0.02」「0.02」「0.05」（尾根や沢等をより強調したい場合は −0.03〜0.03 の間で閾値を設定してもよい）とする．さらにプロパ

ティの透過性の設定で透過処理（不透明度：20％）を施した上で「中小地形の曲率図」とする（図 5.42）.

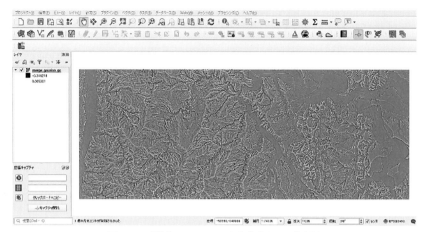

図 5.39 平滑化 DEM ラスタより作成された曲率図

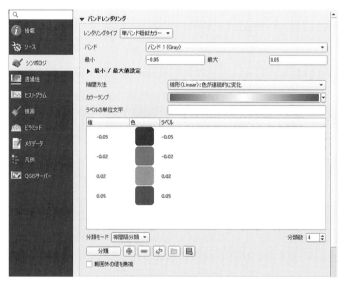

図 5.40 シンボロジの設定

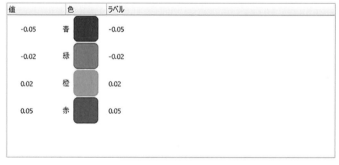

図 5.41 曲率値に応じたカラーランプの設定例

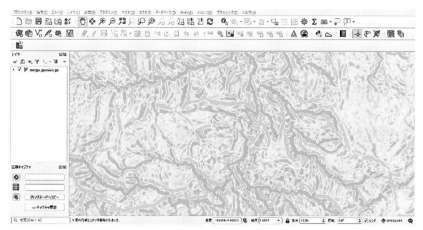

図 5.42 中小地形の曲率図

図 5.43 曲率計算の設定

⑧微地形の凹凸を表現した曲率図の作成

④で調整済みの標高 DEM ラスタをメニューの「レイヤ」-「レイヤの追加」-「ラスタレイヤの追加」により QGIS に追加する.

次に，プロセシングツールボックスの「SAGA」-「Terrain Analysis Morphometry」-「Slope, aspect, curvature」コマンドを実行する（図 5.37）.「Elevation」は標高 DEM ラスタを選択し，「Method」は「9 prameter 2nd order polynom（Zevenberge & Thorne

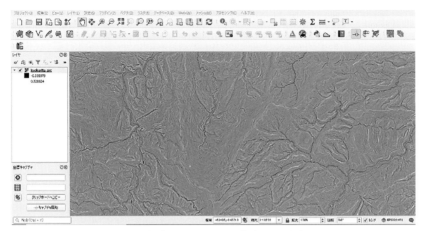

図5.44　標高 DEM ラスタより作成された曲率図

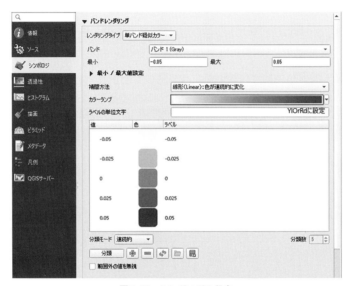

図5.45　シンボロジの設定

(1987))」を選択する．曲率計算のパラメータとして「Profile Curvature」もしくは「General Curvature」[4] にチェックを入れ（図5.43），曲率図を作成する（図5.44）．

作成した曲率図はレイヤプロパティのシンボロジで，微地形を浮き上がらせるため暖色系（カラーランプ：YlOrRd（黄-赤））のカラー設定を行う（図5.45）．次にスケールの最小および最大をそれぞれ「−0.05」および「0.05」に設定する．さらにプロパティの透過性で透過処理（不透明度：20%）を施した上で「微地形の曲率図」とする（図5.46）．

⑨合成による立体微地形図の作成

以上から，⑤で作成した高度段彩図を基図

---

4)　Profile Curvature は縦断面に沿った曲率を計算するので，斜面の傾斜方向を縦断するような地形情報（例えば，沢やガリー等）の表現にはやや難がある．一方，General Curvature は縦横断の曲率を計算することから，上記の地形表現に適している．ただし，General Curvature は Profile Curvature と比較して微地形表現がやや細かくなりすぎることから，かえって微地形の把握が難しい印象もある．地すべりのように，斜面の縦断面に沿った凹凸を示す微地形が多い場合は，Profile Curvature でも問題はない．したがって，ここでは「Profile Curvature」と「General Curvature」の選択は任意とした．

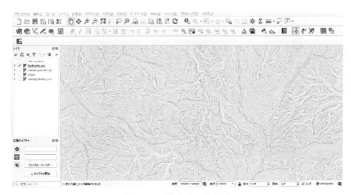

図 5.46　微地形の曲率図

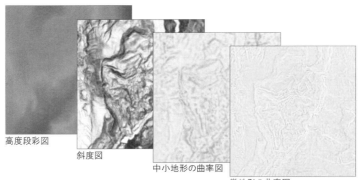

高度段彩図

斜度図

中小地形の曲率図

微地形の曲率図

重ね合わせ ⬇

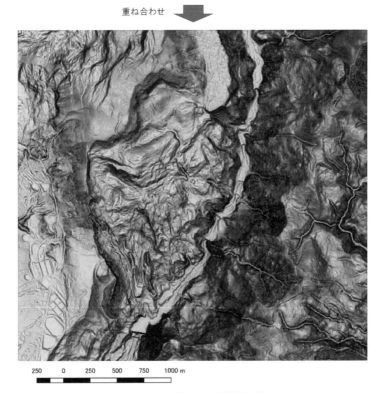

250　0　250　500　750　1000 m

図 5.47　立体微地形図

として，透過処理を施した斜度図（⑥）および2種の曲率図（⑦および⑧）を重ね合わせることで，立体微地形図とする（図5.47）.

c. 立体微地形図の活用法

（1）スマートフォンで表示

最新のスマートフォンには高精度のGPSが搭載されており，正確な位置情報を把握することが可能となっている.したがって，スマートフォンで現在地を確認しながら立体微地形図を閲覧できるようなアプリがあれば，立体微地形図を現地調査に活用することも可能である.

立体微地形図を取り込むことのできるアプリはいろいろにあると考えられるが，ここでは「Google Earth」アプリで立体地形図を閲覧できるようにする方法について紹介する.

①QGISで立体微地形図を作成する.

②QGISのコマンドメニューから「プラグイン」–「プラグインの管理とインストール」コマンドを実行し，「GarminCustomMap」をダウンロードする.ダウンロードされた「GarminCustomMap」はプラグインに追加される.

③画面上に出力したい範囲の立体微地形図を表示させる.

④QGISのコマンドメニューから「プラグイン」–「GarminCustomMap」–「Create Garmin Custom Map from map canvas」コマンドを実行し，kmzファイルとして保存する.

⑤作成したkmzファイルをスマートフォンに保存する.保存したkmzファイルを「Google Earth」アプリで表示させる.

（2）3D（鳥瞰図）で表示

また，QGIS上で作成した立体微地形図にDEMの標高値を関連づけることで，鳥瞰図として表示することができる.

①QGISで立体微地形図を作成する.

②QGISのコマンドメニューから「プラグイン」–「プラグインの管理とインストール」コマンドを実行し，「Qgis2threejs」をダウ

図5.48　立体微地形図の鳥観図

ンロードする.ダウンロードされた「Qgis2threejs」はプラグインに追加される.

③画面上に出力したい範囲の立体微地形図を表示させる.

④QGISのコマンドメニューから「Web」–「Qgis2threejs」コマンドを実行すると，Exporterのウィンドウが立ち上がり，高さの基準となるDEMレイヤを選択すると立体微地形図が3Dで表示される（図5.48）.

〔池田浩二〕

5.2　数値地形情報を用いた地すべり判読と危険度評価

5.2.1　立体地形図による地すべり判読と危険度評価

a. 空中写真の分解能と地形判読精度

空中写真は国土地理院によってさまざまな撮影年度のものが公開されている（地図・空中写真閲覧サービス）.その中で，空中写真における地形の分解能に着目すると，撮影年度によって撮影機材，縮尺，撮影季節，撮影時刻等に差異があり，空中写真ごとに解像度，彩度，陰影，植生状況等に大きなばらつきがある（図5.49）.このようなばらつきのある中で，どの空中写真を用いるかは地形判読の精度に大きく影響し，危険度評価でも大きな過誤を与える可能性がある.また，地すべり地形の判読精度が空中写真の撮影状況に依存していることは，地すべりの危険度評価

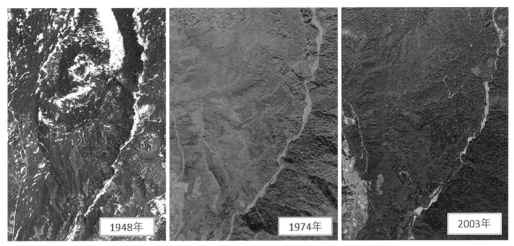

1948年　1974年　2003年

図5.49 撮影年度の違う空中写真の比較（国土地理院撮影，USA-M1073-22，TO748Y-C1-15，TO20035X-C1-3）

を目的とした場合，あまり好ましくない．そこで，地形判読に使用する図としては，地形表現の精度が高くかつ一定であるような図が望ましいといえる．

b. 立体地形図を用いた地形判読

空中写真による地すべり地形判読は，地すべりの発達過程を考慮しながら植生の奥にある真の地形の形状を読み取る作業であり，熟練の判読技術が必要とされる難易度の高い技法である．また，前述したように空中写真の分解能は空中写真ごとに違いがあり，使用する空中写真によって判読にばらつきが生じてしまう可能性がある．そこで，高精度のDEMデータから作成した立体地形図に着目する．

2008年以降，高精度の標高データ（航空レーザ測量による5mメッシュデータ：5mDEM）が国土地理院より公開されるようになった．公開当初は一部の地域のみであったが，整備の完了したエリアから順次公開範囲を拡大している．2019年時点においては，主要都市や主要河川流域および道路などに限定すれば，全国をほぼ網羅しつつある．したがって誰もが地域を問わず，高精度の標高データを利用した立体地形図を作成できる環境が整っている．植生等の影響を排除し，地形そのものを再現した立体地形図は，熟練の

技術が必要であった地形判読を平易化する一助となる．神谷ほか（2000）も立体地形図の1つである傾斜量図を用いた地形判読（地すべり地形含む）について，その有用性を認めており，活用しない手はない．

なお，立体地形図の地形表現の精度はDEM精度に依存することを考えると，DEM精度を統一すれば，地形表現の精度すなわち地形判読の精度を一定量確保できるといえる．厳密にいえば，DEMデータのもとになっている航空レーザ測量のデータ取得方法により，データに若干の誤差が生じてしまうが，空中写真に比較して地形表現の精度は均一であると考えられる．

しかしながら，立体地形図では地すべりの活動状況を評価する上で重要な指標の1つである植生状況を把握することはできない．例えば，活発に変動している地すべり地内の植生は貧弱で荒廃し，活動が停止した地すべりでは高木を主体とした森林群落を示す場合が多い．さらに微地形に対応した特徴的な植生分布を示すこともあり，植生状況は微地形の抽出にあたり，大いに参考になる場合がある．このことから，地すべりの危険度評価にあたっては空中写真と立体地形図を併用することが望ましい．

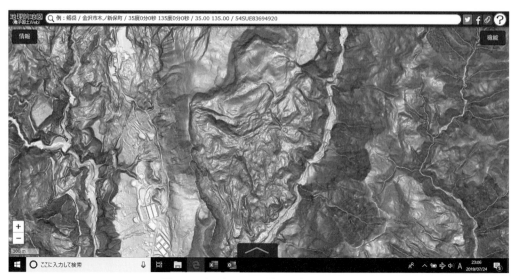

図5.50 地理院地図の傾斜量図（国土地理院）

本項では5m DEM から立体地形図を作成
し，立体地形図の判読精度の検証と AHP 法
による危険度評価を実施した事例について紹
介する．

c. 判読に使用する立体地形図

DEM を用いた立体地形図には，さまざま
な地形表現法（5.1.2 項参照）がある．この
中で，地すべり地形に特有の微地形表現を目
的とした図の1つに池田ほか（2018）の立体
微地形図がある（5.1.3 項参照）．今回の事
例紹介は，地すべり地形を対象としているこ
とから，池田ほか（2018）の立体微地形図を
判読図として使用する．なお，池田ほか
（2018）の立体微地形図はオープンソースの
GIS ソフト（QGIS）を使用して作成するが，
GIS ソフトの操作に慣れていない場合は，公
開されている傾斜量図を活用する方法もあ
る．5m DEM および 10m DEM から作成し
た傾斜量図が国土地理院のホームページにて
無料で公開されており（図5.50），GIS ソフ
トがなくても閲覧することが可能となってい
る．

d. 5m DEM 立体地形図の地形表現精度

新井田（2010）は DEM 精度と地形判読の
関係性について，地形の水平および比高など

のスケールに応じ，判読しやすいメッシュサ
イズが存在することを指摘している．すなわ
ち，低解像度の DEM は，大きい地形を判読
することに適し，高解像度になるほど侵食に
よる細かい谷の発達や，構造線や断層のよう
な傾斜が急変する線状の地形も判読できると
している．

本項の事例紹介で判読に使用する立体微地
形図（池田ほか，2018）は5m DEM より作
成したものを基本とする．新井田（2010）が
指摘しているように，地形表現の精度は
DEM 精度に依存していると考えられるが，
地すべり地形を対象とした5m DEM の地形
表現精度についてあらかじめ把握しておく必
要がある．そこで，約1km×1km の範囲に
おいて 1m DEM，5m DEM および 10m
DEM より作成した立体微地形図を比較して
みた（図5.51）．

図5.51 より，1m DEM より作成した図は
解像度が高すぎるあまり，倒木等の地表面の
乱れによるノイズが多く，かえって地形判読
を困難にしている．一方の 10m DEM では
解像度が低すぎて，地すべり地形の輪郭は判
読できるものの，内部の微地形は不明瞭とな
り，判読が困難である．

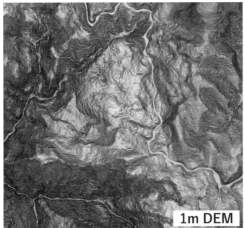

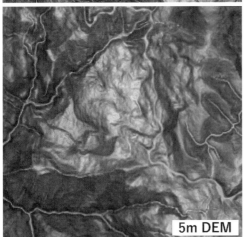

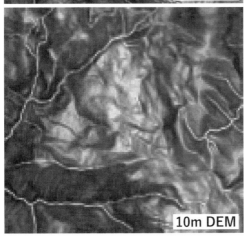

100　0　100　200　300　400 m

図5.51　解像度の異なる DEM データより作成した立体
　　　　微地形図

今回使用する 5 m DEM は 1 m DEM で見られたノイズは軽減され，さらに地すべり特有の微地形も表現されていることから，地す

べり地形の判読に適しているものと判断できる．

e. 地すべり地形の判読の事例

（1）事例 1　活発期の地すべり地形の評価例

①地すべり地形の概要

主滑落崖表層で崩壊が発生し，冠頂部は従順化しているものの，その形状は明瞭である．なお，主滑落崖から分離した移動体との間には大規模な溝状地形が発達している．また，地すべり移動体の中部において，亀裂の発達が顕著である．移動体末端では，一部で末端崩壊およびすべりが認められる．なお，地すべり末端に接する河川は，移動体の押し出しにより流路が屈曲している．

立体微地形図を用いた危険度評価においては AHP スコア 67 点となり（表5.4），地すべり発生の危険がある「A」と判定された．

②空中写真と立体微地形図の判読結果の比較（図5.52，図5.53）

主滑落崖や地すべり移動体等の地すべり地形の輪郭については，ほぼ同様の判読結果となっている．

規模の比較的大きな変位地形（比高差の大きな段差，幅の広い凹地）は空中写真判読でも抽出可能であり，立体地形図との判読精度に大きな差はない．しかし規模の小さい微地形（比高差の小さな亀裂等）は，空中写真では植生の影響により判読しづらいものがある．特に森林に発達する亀裂については，亀裂そのものが判読できなかったり，判読できても，その範囲や連続性の把握が困難なことがある．一方，立体地形図の微地形境界は明瞭に表現されており，判読が容易となっている．

（2）事例 2　活発期の地すべり地形の評価例

①地すべり地形の概要

比高 100 m 程度の明瞭で曲率の異なる 2 つの冠頂部を示す主滑落崖がある．これは移

表5.4　立体地形図による地すべり危険度評価

詳細チェックリスト						AHPスコア		
						事例1	事例2	事例3
レベルII		レベルIII	不安定化要因　高い ←‑‑‑‑‑‑‑‑→ 低い			67	87	37
α	移動体微地形	a 運動様式	20 粘性土すべり／流動痕，圧縮丘　13 風化岩・崩積土すべり／副滑落崖，マルチスランプ　8 岩盤すべり／陥没帯／分離崖，溝状凹地，圧縮リッジ，圧縮亀裂　0 地すべり兆候なし			8	20	13
		b 新鮮さの程度	20 明瞭（新鮮）明瞭な亀裂・溝状凹地などの微地形が多い　13 やや明瞭（やや新鮮）やや明瞭な亀裂・溝状凹地などの微地形がある．　8 不明瞭 丸みを帯びた滑落崖や内部微地形　5…0			20	20	8
β	地すべり地形の境界部	c 頭部境界	10 頭部境界，滑落崖が明瞭　頭部境界やや明瞭 滑落崖がやや丸みを帯びる　頭部境界が崖錐やガリーなどで不明瞭になっている　0 地すべり兆候なし			10	10	5
		d 末端境界	20 多くの末端崩壊，2次すべりの発生 明瞭な圧縮亀裂，押し出しの分布　12 部分的な末端崩壊，2次すべり　6 ガリー，崖錐の広がり／ガリー　0 沖積錐・崖錐の広がり			12	20	6
γ	地すべり地形と周辺地形	e 移動体先端部	20 本川での攻撃斜面などの末端除去（人工切土もあり）　12 支川では洗掘場（わずかな人工切土）　6 滑走斜面／河川に面せず　0 河川に面しない，のみならず段丘堆積物などでの被覆 terrace			12	12	0
		f ポテンシャル移動体	10 移動体下部の凸状増大　5 下部凸状のわずかな増大と変化点が丸み帯びる　2 ほぼ直線的な斜面　0 斜面形状が凹に変化			5	5	5
危険度直感スコア			高 ➡ 中 ➡ 低			70	80	40

動体西翼部を切り込む副次的な地すべりが発生していることを表している．なお，主滑落崖中央から東寄りの基部には箱型の凹地が見られる．移動体の中部〜下部にかけては，段差（亀裂）や流動痕などの微地形が多く発達し，微地形境界も鮮明である．また，流動痕に沿ってガリーの侵入が認められる箇所では，2次すべりの発達が顕著である．移動体の末端部においても，中小規模の地すべりが顕著に発達している．

立体微地形図を用いた危険度評価においては，AHPスコア87点となり（表5.4），地すべり発生の危険が極めて高い「特A」と判定された．

②空中写真と立体微地形図の判読結果の比較（図5.54，図5.55）

主滑落崖や地すべり移動体等の地すべり地形の輪郭については，ほぼ同様の判読結果となっている．

地すべり地形内部の微地形については，判読結果に大きな差異が認められた．特に亀裂や段差地形，小規模な2次滑落崖や崩壊地形の判読に関して，立体微地形図では明瞭に表現されているものが，空中写真では植生により，判読できなかった箇所が多く存在する．さらに，両者で同様の微地形が抽出できて

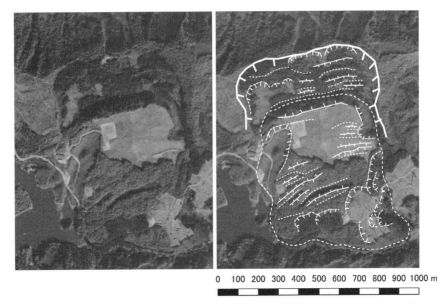

図5.52 空中写真による地すべり地形判読結果（国土地理院撮影, CTO7618-C12A-11, 12）

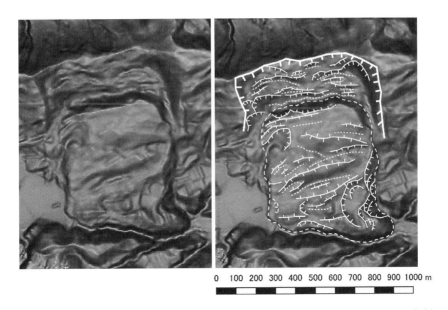

図5.53 立体微地形図による地すべり地形判読結果（立体微地形図は国土地理院5m DEMより作成）

も，その微地形の形状（亀裂や段差地形の範囲）に差異が認められた箇所もあった．空中写真では植生により微地形が不明瞭となっていることから，微地形の形状把握に繊細さを要求されることが多く，人によってばらつきが生じてしまうことも多い．

(3) 事例3 解体期の地すべり地形の評価例

①地すべり地形の概要

主滑落崖の概形は馬蹄形を示すものの，崩壊や副次的地すべりにより開析が進む．

地すべり移動体南側にはより以前の地すべり活動を示す舌状の押し出し地形や圧縮リッジが諸所に見られる．移動体は従順化に伴い

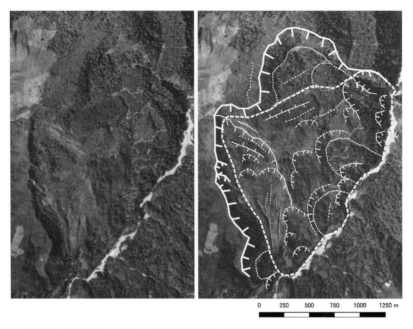

図5.54　空中写真による地すべり地形判読結果（国土地理院撮影，TO699Y-C4A-3，4）

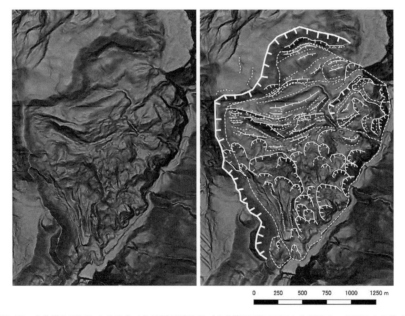

図5.55　立体微地形図による地すべり地形判読結果（立体微地形図は国土地理院5m DEMより作成）

沢やガリーが数条にわたり侵入し，分割されている．

　地すべり末端部は段丘面を覆って，定常的な侵食は受けていない．ただし，従順化した末端崩壊地形は確認できる．

　立体微地形図を用いた危険度評価において

は，AHPスコア37点となり（表5.4），地すべり発生の危険の小さい「C」と判定された．

　②空中写真と立体微地形図の判読結果の比較（図5.56，図5.57）

　活動が収束し，解体期にある古い地すべり

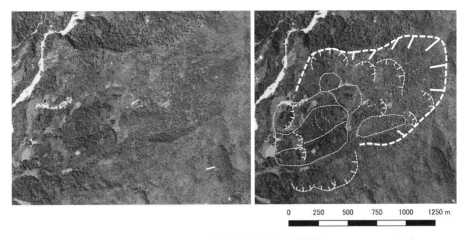

図 5.56　空中写真による地すべり地形判読結果（国土地理院撮影，TO699Y-C5A-3, 4）

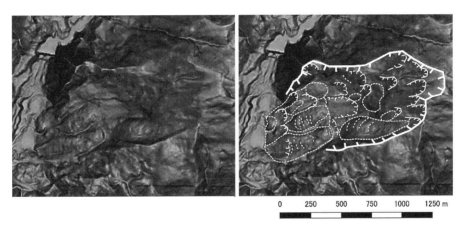

図 5.57　立体微地形図による地すべり地形判読結果（立体微地形図は国土地理院 5 m DEM より作成）

地形の場合は，植生が回復している場合が多く，亀裂等の微地形は完全に植生により隠されている場合が多い．事例 3 も解体期の地すべりで，滑落崖も移動体も植生に覆われており，空中写真による微地形の判読が困難となっている．特に移動体の分布域は広葉樹を主体とした森林となっており，さまざまな樹種よりなることから，表面の凹凸は複雑な様相を呈している．したがって移動体内における微地形の判読は困難を極めている．

　一方で，立体地形図では移動体内部の微地形も明瞭に表現されており，圧縮リッジ等の規模の小さい微地形も判読可能となっている．さらに空中写真では判読できなかった滑落崖の斜面に発達する多くの崩壊地形も表現

されており，地すべり地形が従順化している様子が見てとれる．　　　　　〔池田浩二〕

5.2.2　地形量を用いた斜面の危険度評価

a.　数値地形・地質情報による斜面の危険度評価

　斜面変動の発生要因に関する分析を踏まえて将来の斜面崩壊発生予測や危険斜面を抽出しようとする試みは古く，1960 年代頃から行われている（羽田野，1974）．例えば，竹下（1971）は斜面の傾斜や断面形状等の地形条件と崩壊発生率の関係を調査し，崩壊の発生しやすい地形条件を検討している．

　これらの発展形として，既存の崩壊実績を目的変数に，地形・地質・植生・降雨・地震

動などの斜面崩壊に関わる要因を説明変数に用いる統計的な評価手法があげられる．これは，過去に発生した地すべり・崩壊の分布を教師データとして，非発生域に対する発生域の（地形・地質・植生・降雨・地震などの）特徴を分析し，それをもとに「過去に崩壊が発生した場所と同じような条件を持つ場所は危険度が高い」という発想から，危険度評価を行うものである．多変量解析などの統計的な手法によって，斜面の危険度評価を行おうとする研究は，特に 1990 年代後半〜2000 年代以降，コンピュータの性能向上や GIS の普及に伴って多くの研究事例が報告されている（例えば，Ayalew and Yamagishi，2005；岩橋ほか，2008；Pan *et al.*，2008；ハスバートルほか，2012）．　　　　〔林　一成〕

b．GIS ベースで斜面を分析する際の留意点

DEM や数値地質図などに基づくメッシュ単位の地形・地質情報（要因データ）と，地すべり・崩壊の発生域／非発生域の情報を GIS ベースで処理することにより，斜面変動の発生しやすい地形・地質条件を分析したり，それによる危険度評価を行うことができるが，その際，地すべりや崩壊の発生の有無もメッシュ単位の点情報として扱われることが多い．この場合，相対的に規模の小さい崩壊等の分布は説明できても，地すべりなどの規模の大きな現象には適用が困難であるとの指摘がある（小山内ほか，2007）．特に，地すべりのような規模の大きな現象は，数 m〜50 m メッシュ単位の地形量よりも，斜面全体の特性を代表するようなより広い範囲の地形的特徴との相関を検討する必要がある．

また，種々の地形・地質要因が地すべり・崩壊の発生にどの程度寄与しているかや，危険度評価を行う際の要因データの選定，重みづけ，閾値等の設定に関する根拠が曖昧なままは，評価結果の信頼性に疑問が残る．

さらに，実際の事例を教師データとした危険度評価モデルであっても，地形・地質的な背景の異なる地域に適用しようとすると，当然ながら良い結果は得られない．これは，地すべりや崩壊の規模や発生様式が，発生場の地質特性や地形スケールに規制されているためである．統計的に信頼できる数の発生データが得られる地域では，それに基づく危険度評価モデルを構築することが可能である．そうでない場合は，同じような斜面変動の発生様式が予測される地形・地質条件の類似したほかの地域の事例を参照することが望ましい．　　　　〔林　一成〕

c．バッファ移動解析と過誤確率分析法の提案

地形判読による地すべり危険度評価のための判読要素や基準が AHP 法によって整理されたことを踏まえつつ，5.2.2 項 b に述べたような数値地形・地質情報を，GIS ベースで処理することによる斜面の危険度評価の問題点に対応する手法として提案されたのが，バッファ移動解析と過誤確率分析法である．

この方法は，日本地すべり学会が 2011〜2013 年度にかけて実施した国土交通省の河川砂防技術研究開発課題「類型化に基づく地震による斜面変動発生危険箇所評価手法の開発」において検討されたものであるが，以下に，その成果が掲載された論文（濱崎ほか，2015）より，同手法の概要を記載する．

（1）バッファ移動解析

バッファ移動解析は，図 5.58 に示すような間隔（dx, dy）でグリッド分割されたセルの集合領域において，バッファ（円領域）半径（R）と Skip 量（$Skip$）で定義され，移動平均法のように地理上の領域を同じ面積で括りながら扱う．すなわちバッファ移動解析は，等しい間隔でグリッド分割された GIS のセル上においてある一定の範囲を等しくサンプリングしながら，一定距離で Skip させてデータを集積化する手法である．局所的な値ではなくある一定の範囲で地形量データを

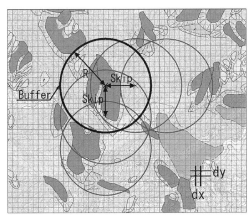

図 5.58 バッファ移動解析の概念図

集積するのは，やや引いて，目を細めてその データの分布傾向を大雑把に見ている感覚で あり，降雨などの時系列データを，移動平均 でならしながらサンプリングするのに似てい る．

各バッファには目的変数（教師データ）と なる発生した地すべり・崩壊の面積（セル数 $\times dx \times dy \fallingdotseq$ 面積）が取得され，かつ各地形 量（勾配，曲率，起伏度，谷次数，地上開度 等の平均値や最大値，もしくは最頻値など） や地質，既存地すべり地形の面積などの説明 変数が同時に取得される．その結果，解析手 法が従来の統計手法と比べるとよりシステム 化され，有意な要因が何であるかを分析する のが容易となる．

個々のセルの中にはあらかじめ GIS でレ イヤ処理された各種データや加工された統計 情報が格納されており，それぞれのバッファ には偏りなく同数のセルに対して公平な情報 量が集められている．バッファ半径（R）は 地すべりや崩壊などの事象の要因や形状，大 きさを勘案して設定する必要があるが，対象 の平均的な大きさが包括される規模で決定さ れるべきである．また $Skip$ 量も効率よく， セルの取りこぼしがないよう（dx, dy）$\leqq$ $Skip \leqq R$ で決定されている．移動方向は東 西，南北方向で，動かし方や順序は任意であ るが，$Skip$ 量は東西，南北方向に対して均

等にスキャニングされるように動かす必要が ある．

（2）過誤確率分析法

過誤確率分析法は，地形・地質などの要因 データが地すべり・崩壊の発生に寄与する度 合いや，構築した危険度評価モデルの妥当性 を定量的に評価することで，要因データの重 みづけやモデルの精度向上を行うために開発 された方法である．

ここでは，バッファ移動解析により集積さ れたデータを用いて，要因データに基づく AHP スコア（x）の得点分布を（地すべり・ 崩壊の）非発生と発生に分けてヒストグラム で表す．結果として，その分布形状が正規分 布に近似できることから，それぞれ平均値 （μ）と標準偏差（σ）を求めることで，正規 分布として表すことができる．実際は発生と 非発生のバッファ数は大きく異なり，ほとん どは非発生のバッファ数が圧倒的に多い．し たがって，発生・非発生を同じ土俵で比較す る必要があるが，それぞれを変量 x に対す る μ と σ から正規確率密度関数として表す ことでこれが可能となる．

平均値（μ）と標準偏差（σ）による発生・ 非発生の正規確率密度関数の分布は次式で導 かれ，その曲線分布は図 5.59 のようになる．

$$f(x) = \frac{1}{\sqrt{2\pi}\sigma} e^{-\frac{(x-\mu)^2}{2\sigma^2}} \qquad (5.1)$$

図 5.59 に示した確率密度関数の左側の分 布は非発生，右側の分布は発生領域である． 図 5.59 の μ_1, σ_1 は非発生領域の平均値と標 準偏差で，μ_2, σ_2 は発生領域のそれである． ここで $\mu = (\mu_1 + \mu_2)/2$ としたとき，この μ は 発生，非発生のそれぞれの平均（μ_1, μ_2）か ら等しく離れたスコア（x）であり，最も判 定が困難となる値である．したがって，これ をモデルの判定に利用することにする．ここ で P_1 領域は「スコア（x）$= \mu$ としたとき， 実際は非発生にもかかわらず不安定と過誤す る

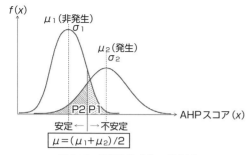

図 5.59　過誤確率（P）の概念図

確率」，一方，P_2 領域は「スコア $(x)＝μ$ としたとき，実際は発生なのにもかかわらず安定と過誤する確率」といえる．

ここで $P＝(P_1＋P_2)/2$ を過誤確率（P）と呼ぶこととする．過誤確率（P）は最適化問題の目的関数であり，これを小さくするということは「誤る」確率が小さくなるということで，結果としてモデルの適合度が高いことを示す．概念的には，$μ_1$ と $μ_2$ がより離れ，標準偏差 $σ_1$，$σ_2$ がそれぞれ小さくなれば過誤確率（P）は小さくなる．また，この過誤確率は図 5.59 から，その性質上以下のようにも定義される．

・非発生分布が左，発生分布が右にあり，もし完全に分離していれば

$$過誤確率（P）＝0.0 \qquad (5.2)$$

すなわち，モデルとしては完璧に成功している．

・発生・非発生の分布が完全に重なっている場合，

$$過誤確率（P）＝0.5 \qquad (5.3)$$

すなわち，判別が不能であり，モデルとしては失敗である．

・非発生分布が右，発生分布が左にあり，分布が完全に分離していれば

$$過誤確率（P）＝1.0 \qquad (5.4)$$

すなわち，常に間違ったモデルといえる．

d，e に，バッファ移動解析と過誤確率分析法を用いた危険度評価事例を示す．なおこれらの事例は，いずれも内陸直下型地震時の震源付近の山地において発生した地すべりや

崩壊を対象としたものだが，ほかの誘因によるものであっても，教師データとしての地すべり・崩壊発生データが得られれば，同様の検討を行うことはもちろん可能である．また，これらの事例においては大きな震度の差がない範囲で解析領域を設定したため，加速度や震度等に関する要因データは説明変数として考慮しなかった．　　〔濱崎英作〕

d．平成 20 年（2008 年）岩手・宮城内陸地震での分析事例

岩手・宮城内陸地震は 2008 年 6 月 4 日の午前 8 時 43 分に岩手県内陸南部の北緯 39 度 01.7 分，東経 140 度 52.8 分，震源深さ約 8 km を震央として発した．最大震度 6 強，マグニチュードは M7.2 であった．本震の発生機構は震央から見て西北西–東南東に圧縮軸を持つ西側が隆起する逆断層型で横ずれを伴うものである．地震継続時間は 10～15 秒．最大加速度 $4{,}000 \, cm/s^2$（厳美町祭時）を超える記録のほかに $1{,}000 \, cm/s^2$ を超える観測点が 2 カ所あった．斜面変動タイプには深層地すべり，崩壊性地すべり，浅層崩壊などがあった．

この分析において，地すべりと崩壊分布については八木ほか（2008）の判読図を採用した．災害発生前の 10 m DEM には北海道地図株式会社製を使い，地質にはシームレス地質図（産業技術総合研究所）を，旧地すべり土塊の分布には防災科学技術研究所のデータベースを用いた．シームレス地質図は表 5.5 に示すように若い地層で軟質と思われるものほど小さい番号を付し，古く硬質と思われるものほど大きい番号を付した．

当該地区の地すべりと崩壊の分析では，バッファ R と $Skip$ 距離 L を，それぞれの現象の大きさに合わせ $R＝250$ m，$L＝150$ m と $R＝100$ m，$L＝50$ m とした．

なお，八木ほか（2008）によって判読抽出された大規模崩壊は，サイズや発生要因が地すべりに近いと判断し地すべりとして扱っ

表5.5 滑動抵抗力を考慮した地質（岩相）データ（1/200,000 シームレス地質図；（独）産業技術総合研究所地質調査総合センター編, 2007）の再分類

番号	記号	地層（1/200,000 シームレス地質図の区分）
1	S1	完新世の堆積物および更新世段丘堆積物 盛土など人工改変堆積物新生代降下テフラ・岩屑
2	S2	更新世・鮮新世非海成・海成堆積層（ただし石灰石，付加コンプレックスを除く） 第四紀火砕流堆積物
3	S3	1，2を除く新生代堆積岩類　新第三紀火砕流堆積物
4	M	新第三紀・第四紀火山岩類（貫入岩，火砕流堆積物を除く）
5	H1	新生代・中生代の火山岩類（ただし1，2，3，4を除く） 低〜中圧型変成岩類
6	H2	付加コンプレックス堆積岩類・火山岩類・深成岩類　異地性玄武岩・石灰岩 高圧型変成岩類
7	H2	深成岩類　チャート

表5.6 地すべり評価基準の選定と初期最大ウェイト（W_i）と各設定範囲ごとに掛かる係数（α_i）

地すべり要因	評価基準	バッファ集積法	初期モデル（W_i）	範囲の条件,単位	バッファの数値によって W_i に掛かる係数（α_i）と条件範囲				
					1.0	0.6	0.3	0.1	0.0
地質	地質（岩相）	最頻値の地質	27	地質番号（表5.5）	3	2	4	5〜7	左記以外
地形	起伏量	(最高点−最低点)/2 点間距離	20	数値の範囲	0.35〜	0.25〜0.35	0.15〜0.25	0.00〜1.15	なし
地形	地上開度	各セル地上開度の平均値	20	角度の範囲	75〜80	70〜75	80〜90	90〜100	左記以外
地下水	谷次数	谷次数の最大値	20	次数	6〜	4, 5	3	0〜2	なし
地質	地すべり土塊	バッファ内面積率	13	%	50〜100	20〜50	10〜20	0〜10	なし

表5.7 崩壊評価基準の選定と初期最大ウェイト（W_i）と設定範囲ごとに掛かる係数（α_i）

地すべり要因	評価基準	バッファ集積法	初期モデル（W_i）	範囲の条件,単位	バッファの数値によって W_i に掛かる係数（α_i）と条件範囲				
					1.0	0.6	0.3	0.1	0.0
地質	平均勾配	各セル最大勾配の平均値	25	勾配(度)の範囲	35〜50	30〜35	25〜30	5〜25	左記以外
地下水	谷次数	谷次数の最大値	10	次数	6〜	4〜6	1〜3	0	なし
地質	地質（岩相）	最頻値の地質	10	地質番号（表5.5）	5〜7	3	4	2	左記以外
地形	凸凹 10 m	各セル凸凹 10 m の平均値	25	数値の範囲	0.8〜2.0	0.6〜0.8	0.4〜0.6	0.0〜0.4	左記以外
地形	地上開度	各セル地上開度の平均値	30	度	65〜75	75〜80	80〜85	85〜100	左記以外

た．地すべり発生要因分析では「地質（岩相）」「起伏量」「地上開度」「谷次数」「地すべり土塊＝地すべり土塊面積」の5アイテムを選定した（表5.6）．モンテカルロ法により初期モデルの最大ウェイト（W_i）をランダムに変化させた繰り返し計算を行い，AHP スコア $(x)=\Sigma\alpha_i \cdot W_i$ として，過誤確率（P）が最小となる組合わせを求めた結果，それぞれの最大ウェイト（W_i）が 32%，22%，18%，17%，11% の場合が最も良好なモデルであった（図5.60）．他方，崩壊については「平均勾配」「谷次数」「地質（岩相）」「凸凹

評価基準	地質（岩相）	起伏量	地上開度	谷次数	地すべり土塊	
W_i	32	22	18	17	11	
	非発生			発生		過誤確率
μ_1	σ_1	P_1	μ_2	σ_2	P_2	P
46.9	16.8	32.4%	62.2	23.1	37.0%	34.7%

μ：平均値　σ：偏差値

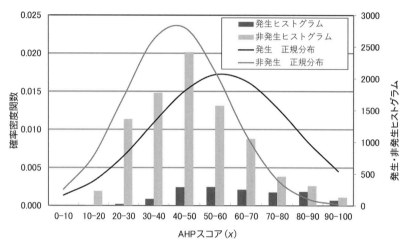

図5.60 地すべりの最終最適正規分布モデルと過誤確率（P）

評価基準	平均勾配	谷次数	地質（岩相）	凸凹度10m	地上開度	
W_i	28	12	8	28	24	
	非発生			発生		過誤確率
μ_1	σ_1	P_1	μ_2	σ_2	P_2	P
30.0	14.6	25.3%	49.4	26.1	35.5%	30.4%

μ：平均値　σ：偏差値

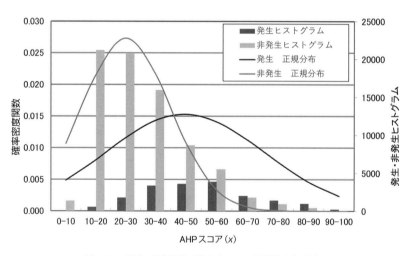

図5.61 崩壊の最終最適正規分布モデルと過誤確率（P）

度 10 m」「地上開度」を選定し（表 5.7），同様に過誤確率（P）が最小となる組合わせを求めた結果，最大ウェイト（W_i）がそれぞれ 28%，12%，8%，28%，24% が最も良好なモデルとなった．図 5.60，図 5.61 に地すべり・崩壊それぞれの正規分布と過誤確率分析結果を示す．

以上の結果を地すべり・崩壊それぞれの最適モデルから得られた AHP 斜面変動予測地図にした（図 5.62）．

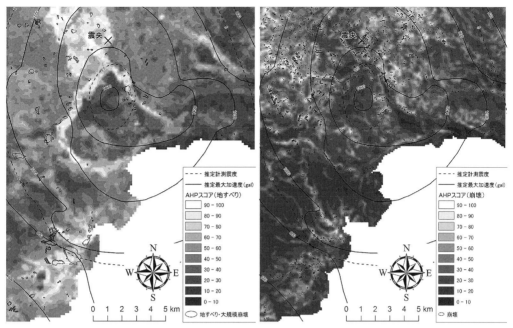

図 5.62 2008 年岩手・宮城内陸地震から導かれた AHP 斜面変動予測値地図（左：地すべり，右：崩壊）

　この図は *Skip* 間隔ごとに移動するバッファ中心点の AHP スコア（x）を 0〜100 で示したもので，*Skip* 間隔で区画されるグリッドに AHP スコア（x）が割り当てられる．このグリッドのスコアが高いものほど地すべり・崩壊が発生しやすいことを示す．図には過誤確率（P）の小さいものを示しているが，事実 2008 年の地すべり・崩壊発生場と AHP スコア（x）の高得点部分との対応がよい．この図から，今回提案したバッファ移動解析と過誤確率分析を含む一連の手法を使うことによって，地すべり・崩壊ともに危険度マップの作成に対して十分な成果を得られることがわかる． 〔濱崎英作〕

e. 平成 16 年（2004 年）新潟県中越地震での分析事例

　続いて，2004 年の新潟県中越地震（以下，中越地震と記す）時の地すべり（ここでは，八木ほか（2007）に記載された深層すべりおよび表層崩壊を対象とした）分析事例について述べる．本事例では，対象地域において震源付近の限られた範囲に数多くの地すべりが

発生しており教師データが豊富であったこと，また，過誤確率により個別の指標（要因）が地すべり発生に寄与する程度を定量評価できることから，指標データ間の最適な組合わせと重みづけにおいても過誤確率を反映した定量的な分析を試みた．

　次に記載する内容は，日本地すべり学会誌に掲載されたものである（林ほか，2015）．詳細は当該論文を参照されたい．

（1）指標データの作成

　斜面変動の発生要因を分析した既往の研究事例を参考にして，深層すべりおよび表層崩壊の地質・地形的要因として 7 つの要因カテゴリ（①滑動ポテンシャル，②地震時の応答性，③末端部の侵食性，④集水性，⑤地質，⑥強度低下，⑦地質構造）を設定し，それぞれに対応した表 5.8 に示す指標を用いることとした．なお，地形量の算出には，中越地震発生前の 10 m メッシュ標高を用いた．地質（岩相区分）については，全国の地質を地震時の滑動抵抗力の違いを考慮して大まかに 7 分類した岩相区分（濱崎ほか，2015）に基づ

表5.8　検討した地すべり要因と指標ごとの過誤確率（P_i）の一覧

要因カテゴリ	指標データ		バッファ集積法	過誤確率（P_i）	
				深層すべり	表層崩壊
滑動ポテンシャル	傾斜角度		平均値	42.6%	39.5%
地震時の応答性	凸型斜面の平均曲率	$d=10$ m	平均値	43.4%	43.6%
		$d=50$ m		42.6%	45.3%
		$d=100$ m		44.5%	47.4%
		$d=250$ m		48.2%	47.6%
	平均曲率の絶対値	$d=10$ m	平均値	44.0%	38.4%
		$d=50$ m		44.3%	38.8%
		$d=100$ m		44.6%	39.5%
		$d=250$ m		44.9%	41.9%
	凸凹度 （濱崎ほか，2015）	$d=10$ m	平均値	40.3%	38.3%
		$d=50$ m		40.0%	39.9%
		$d=100$ m		41.6%	41.7%
		$d=250$ m		44.8%	42.9%
末端部の侵食性	地上開度 （横山ほか，1999）	$L=50$ m	平均値	44.7%	40.4%
		$L=100$ m		44.7%	39.4%
		$L=250$ m		44.2%	38.7%
	侵食高 （中山・隈元，2000）	$h=100$ m	平均値	44.8%	40.0%
		$h=200$ m		44.6%	40.1%
		$h=500$ m		42.7%	41.9%
集水性	Topographic Wetness Index （TWI）（Beven and Kirkby, 1979）		平均値	43.1%	45.2%
地質（滑動抵抗力）	岩相区分		最頻値	39.3%	40.5%
強度低下	旧地すべり移動体		面積率	39.9%	48.7%
地質構造	β^*		平均値	48.7%	45.9%
	γ^{**}		平均値	47.7%	46.1%

*β；斜面の傾斜方向と地層の傾斜方向の差，**γ；斜面の傾斜方向における地層の見かけの傾斜角
（林ほか，2011）．
網掛けが各要因カテゴリの中で最も過誤確率が小さい指標データ（表5.10，指標間ウェイトの検討
に採用）を示す．

いて，1/50,000 数値地質図（竹内ほか，2004）に示された地質区分を再分類し，10 mメッシュに分割してデータ化した．旧地すべり移動体の有無については，解析範囲内の10 mメッシュデータを，防災科学技術研究所の地すべり地形分布図に記載されている地すべり移動体に重なるものとそれ以外のものに二分した．

深層すべり・表層崩壊発生箇所とそれらの要因である各指標の10 mメッシュデータをバッファ移動解析により集積した．目的変数としてバッファ内の深層すべりおよび表層崩壊発生メッシュの割合（面積率）を集積した．説明変数となる各指標の集積法は，それぞれバッファ内のメッシュデータについて岩相区分は最頻値，旧地すべり移動体はそれに該当するメッシュの割合（面積率），その他の指標については平均値を集積した（表5.8）．なお，バッファの検索半径（R）は対象地域の深層すべりおよび表層崩壊の発生規模を考慮して，それらの大半を包含する面積となるように深層すべりの場合 $R=250$ m（約 1.96×10^5 m^2），表層崩壊の場合 $R=100$ m（約 3.14×10^4 m^2）とした．隣接するバッファが隙間なく解析範囲全体を覆うように，深層すべりの場合はバッファを150 m，表層崩壊の場合は50 mずつ移動させて解析範囲全体のデータを集積した．

表5.9　深層すべりを評価するための岩相区分の指標内
　　　ウェイト（α_i）の試算事例

指標値*	1	2	3	5
発生データ内の割合（X；%）	3.5	11.8	82.3	2.4
非発生データ内の割合（Y；%）	10.0	29.2	56.4	4.4
Z（X/Y）	0.35	0.40	1.46	0.55
指標内ウェイト（α_i）	0.3	0.3	1.0	0.4

*1：完新世堆積物，2：更新世堆積岩，3：新第三紀堆積
岩，5：第三紀火山岩

（2）集積データに基づく指標内ウェイト（α_i）の検討

　ある指標（i）の集積データにおける各値のウェイト（α_i）を以下の手順で決定した．はじめに，バッファ移動解析により集積したデータを，地すべりを含むもの（発生データ）と含まないもの（非発生データ）とに分けた後，発生データおよび非発生データ内における指標データの値の分布を調べた．ここで，発生データ内で占有率が高く，非発生データ内で占有率が低い値では地すべりが発生しやすく，逆の傾向を示す値では地すべりが発生しにくいといえる．表5.9に深層すべりを対象とした解析結果の一例を示す．ここで，各指標内におけるウェイト（α_i）は次式より求めることとした．

$$\alpha_i = Z/Z_{max} \qquad (5.5)$$
$$Z = X/Y \qquad (5.6)$$

　すなわち，指標（i）のある値について，発生データ内における占有率をX，非発生データ内における占有率をYとして，Yに対するXの比（Z）を各値について求めた．さらに，指標（i）の中でZが最大（Z_{max}）となる値のウェイトがα_i=1.0となるように，各値のZを正規化したものを指標内のウェイト（α_i）とした．

（3）指標ごとの過誤確率に基づく指標間ウェイト（W_i）の検討

　各指標について設定したα_iをもとに，過誤確率分析法を用いてその指標がどの程度地すべりの発生と関連しているかを評価した．ここではまず，すべての指標について（2）で作成したα_iによる地すべり発生危険度評価得点の分布から，指標ごとの過誤確率（P_i）を求めた（表5.8）．この時点で，地震応答性の指標として取り上げた平均曲率と凸凹度，末端部侵食性の指標として取り上げた地上開度と侵食高，および地質構造の指標として取り上げた斜面と地層の傾斜方向の差（β）と斜面の傾斜方向における地層の見かけの傾斜角（γ）については，それぞれのカテゴリの中で最もP_iの小さい指標を採用することとした．その上で，各指標間のウェイト（W_i）は，P_iの小さい指標ほど重いウェイトを与えるために，指標ごとの過誤確率の逆数（P_i^{-1}）を用いて次式より求めた．

$$W_i = (P_i^{-1}/P_i^{-1}{}_{sum}) \times 100 \qquad (5.7)$$

　ここに，$P_i^{-1}{}_{sum}$は地すべり発生危険度評価得点（S）を算出する際に考慮する各指標のP_i^{-1}の合計である．Sは次式により求められる．

$$S = \Sigma\, \alpha_i \cdot W_i \qquad (5.8)$$

　以上より，Sの算出に考慮されるすべての指標において，最も危険とされる値（α_i=1.0）を持つバッファデータはS=100となり，Sが小さいほど危険度の低いデータであると評価される．

（4）過誤確率に基づく最適な指標の組合わせの検討

　表5.8に示したように，7つの地震地すべり要因カテゴリに関する指標について，個々の過誤確率（P_i）が求められる．ここで，最適な指標の組合わせを考える場合，P_iの大きい指標を取り込むことで精度が落ちる可能性がある一方で，複数の指標の組合わせにより不足する部分を補って精度が向上する可能性もある．そこで，7つすべての指標を考慮するケースをはじめとして，個別の過誤確率（P_i）が大きい順に指標を1つずつ除外していく各ケースの計算を実施し，Sの得点分布による過誤確率（P）が最も小さくなる組合わせを検討することとした．

表5.10　指標の組合わせによる過誤確率（P）の変化

a) 深層すべり

○：考慮する，W_i：指標間ウェイト，×：考慮しない							過誤確率 （P）
地質	強度低下	地震時の 応答性	滑動 ポテンシャル	末端部の 侵食性	集水性	地質構造	
岩相区分	旧地すべり 移動体	凸凹度 （$d=50$ m）	傾斜角度	侵食高 （$h=500$ m）	TWI	γ^{**}	
○（$W_i=15$）	○（$W_i=15$）	○（$W_i=15$）	○（$W_i=14$）	○（$W_i=14$）	○（$W_i=14$）	○（$W_i=13$）	38.0％
○（$W_i=18$）	○（$W_i=17$）	○（$W_i=17$）	○（$W_i=16$）	○（$W_i=16$）	○（$W_i=16$）	×	35.7％
○（$W_i=21$）	○（$W_i=21$）	○（$W_i=20$）	○（$W_i=19$）	○（$W_i=19$）	×	×	35.6％
○（$W_i=26$）	○（$W_i=25$）	○（$W_i=25$）	○（$W_i=24$）	×	×	×	36.1％
○（$W_i=26$）	○（$W_i=25$）	○（$W_i=25$）	×	○（$W_i=24$）	×	×	35.5％
○（$W_i=34$）	○（$W_i=33$）	○（$W_i=33$）	×	×	×	×	36.0％
○（$W_i=50$）	○（$W_i=50$）	×	×	×	×	×	36.8％
○（$W_i=51$）	×	○（$W_i=49$）	×	×	×	×	37.7％
○（$W_i=100$）	×	×	×	×	×	×	39.3％

b) 表層崩壊

○：考慮する，W_i：指標間ウェイト，×：考慮しない							過誤確率 （P）
地震時の 応答性	末端部の 侵食性	滑動 ポテンシャル	地質	集水性	地質構造	強度低下	
凸凹度 （$d=10$ m）	地上開度 （$L=250$ m）	傾斜角度	岩相区分	TWI	β^{*}	旧地すべり 移動体	
○（$W_i=16$）	○（$W_i=16$）	○（$W_i=15$）	○（$W_i=15$）	○（$W_i=13$）	○（$W_i=13$）	○（$W_i=12$）	36.2％
○（$W_i=18$）	○（$W_i=18$）	○（$W_i=17$）	○（$W_i=17$）	○（$W_i=15$）	○（$W_i=15$）	×	36.4％
○（$W_i=21$）	○（$W_i=21$）	○（$W_i=20$）	○（$W_i=20$）	○（$W_i=18$）	×	×	36.3％
○（$W_i=26$）	○（$W_i=25$）	○（$W_i=25$）	○（$W_i=24$）	×	×	×	35.9％
○（$W_i=34$）	○（$W_i=33$）	○（$W_i=33$）	×	×	×	×	36.9％
○（$W_i=50$）	○（$W_i=50$）	×	×	×	×	×	37.1％
○（$W_i=100$）	×	×	×	×	×	×	38.3％

*β；斜面の傾斜方向と地層の傾斜方向の差，**γ；斜面の傾斜方向における地層の見かけの傾斜角（林ほか，2011）.
網掛けが最適モデルと判定された組合わせ（過誤確率が最も小さい）を示す.

　指標ごとのP_iを比較すると，深層すべりでは岩相区分や旧地すべり移動体といった斜面の物性に関する指標のP_iが小さく，重要な要因であることがわかる．また，斜面の形状に関する要因の中では凸凹度（$d=50$ m）のP_iが岩相区分や旧地すべり移動体のそれと同程度の小さな値となった．一方で，表層崩壊では凸凹度（$d=10$ m），地上開度（$L=250$ m），傾斜角のP_iが小さく，斜面の形状に関する要因が重要であることがわかる．

　指標ごとの過誤確率（P_i）をもとに，式（5.7）および式（5.8）により求められた地すべり発生危険度評価得点（S）による過誤確率（P）を，表5.10に示した各ケースについて算出した．ただし，深層すべりに関しては旧地すべり移動体と凸凹度，および傾斜

角と侵食高の間でP_iの差がわずか0.1％であったため，これらについては両者の順番を逆転させた解析ケースも加えた．結果として，深層すべりの場合は，岩相区分，旧地すべり移動体，凸凹度，侵食高の4つの指標を組み合わせたとき$P=35.5$％となり最適なモデルと判断された．また，表層崩壊の場合は，凸凹度，地上開度，傾斜角，岩相区分の4つの指標を組み合わせたとき$P=35.9$％となり最適なモデルと判断された．

　（5）最適モデルによる危険度評価得点分布
　深層すべりと表層崩壊それぞれについて，最適モデルによる地すべり発生危険度評価得点（S）をすべてのバッファデータにおいて求めた．Sを10点ごとに分割したときの各得点ランクにおけるバッファ内の深層すべ

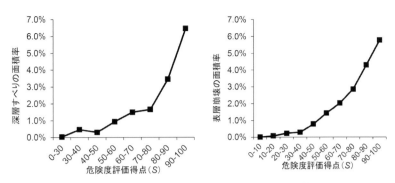

図 5.63 危険度評価得点ランクにおけるバッファデータ内の地すべり発生面積率（左：深層すべり，右：表層崩壊）

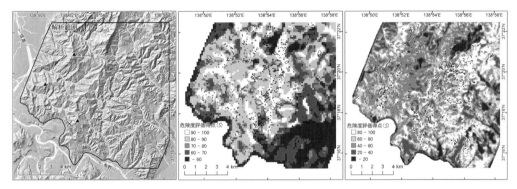

図 5.64 八木ほか（2007）による中越地震時の地すべり分布と最適モデルによる危険度評価得点（S）の分布（左：解析範囲の地形，中央：深層すべり，右：表層崩壊）

り・表層崩壊発生メッシュの面積率を図5.63に示す．また，地図上での S の分布と実際の深層すべり・表層崩壊発生箇所との比較を図5.64に示した．

　深層すべりの得点分布では，各指標において大きな α_i を与えた値の分布域，すなわち新第三紀の堆積岩かつ旧地すべり移動体の分布密度が高い地域において，比較的起伏が大きく侵食の進んだ谷沿いの斜面に高得点が分布している．結果として，これらは中越地震時に深層すべりが高密度で発生した芋川流域等の斜面の地質・地形的特徴を説明しており，多くの深層すべりは S が80点以上，特に規模の大きなものは90点以上の斜面に多く発生していることがわかる．一方で S が50点を下回る範囲では深層すべりはほとんど発生していない．表層崩壊の得点分布も評価に用いた指標とその重みづけを反映してお

り，新第三紀の堆積岩分布域における起伏が大きく侵食の進んだ谷沿いの急斜面に高得点が分布している．得点ごとの表層崩壊発生面積率では，深層すべりと同様に高得点となるにつれて指数関数的に発生面積率が増大する傾向が読み取れる．　　　　〔林　一成〕

文　献

[5.1 節]

秋山幸秀・世古口竜一（2007）．微地形表現に優れた陰陽図．地図，**45**（1），37-46.

ALOS 全球数値地表モデル（DSM）ALOS World 3D-30m（AW3D30）．https://www.eorc.jaxa.jp/ALOS/aw3d30/index_j.htm

千葉達朗・鈴木雄介（2004）．赤色立体地図—新しい地形表現手法—．応用測量論文集，**15**，81-89.

藤沢和範・笠井美青（2009）．地すべり地における航空レーザー測量データ解析マニュアル（案）．土木研究所資料，第4150号．

GMRT．https://www.gmrt.org/

池田浩二・橋本修一・吉田　浩・石藤慎吾・水柿俊直・濱崎英作・石川晴和（2018）．地すべり地形判読を目的と

した立体微地形図の開発．第 57 回日本地すべり学会研究発表会講演集，pp.81-82.

石川　剛・鈴木敬子（2015）．多重光源陰影段彩図とその応用．地図，**53**，supplement，54-55.

株式会社エコリス，基盤地図情報 標高 DEM データ変換ツール．https://www.ecoris.co.jp/contents/demtool.html

海上保安庁／日本海洋データセンター，500m メッシュ水深データ．https://jdoss1.jodc.go.jp/vpage/depth500_file_j.html

国土地理院．https://www.gsi.go.jp/

国土地理院，地理院地図．https://maps.gsi.go.jp/

国土地理院，地図・空中写真閲覧サービス．https://mapps.gsi.go.jp/maplibSearch.do#1

国土地理院，基盤地図情報ビューア．https://www.gsi.go.jp/download/documents.html

国土地理院，基盤地図情報ダウンロードサービス．https://fgd.gsi.go.jp/download/menu.php

国土地理院，公共測量実施情報．https://psgsv2.gsi.go.jp/kouhyou/Kouhyou_KoukyouSokuryou/Kensaku10.aspx

国土地理院，わかりやすい平面直角座標系．https://www.gsi.go.jp/sokuchikijun/jpc.html

向山　栄・佐々木寿（2007）．新しい地形情報図 ELSAMAP．地図，**45**（1），47-56.

西田顕郎・小橋澄治・水山高久（1997）．数値地形モデルに基づく地震時山腹崩壊斜面の地形解析．砂防学会誌，**49**（6），9-16.

野上道男（1985）．数値地形分析のための処理システム．地形，**6**（3），245-264.

太田岳洋・八戸昭一（2006）．数値標高モデルによる地形計測の現状と応用例．応用地質，**46**（6），347-360.

QGIS．http://qgis.org/ja/site/

Raghavan, V., Masumoto, S., Shiono, K., Sakamoto, M. and Wadatsumi, K.（1993）．ARIES：A subroutine for automatic relief image enhancement and shading. *Geoinformatics*, **4**（2），59-88.

千田良道（2014）．地形起伏図とその適応事例．測量，**64**（7），20-21.

杉本智彦（2018）．スーパー地形表現．地図ジャーナル，（183），20-23.

田中信男・高田一徳・渡邉　司（2010）．わが社紹介 株式会社シン技術コンサル―わが社の新兵器「地貌図」―．斜面防災技術，**36**（3），48-51.

戸田堅一郎（2012）．航空レーザー測量データを用いた微地形図の作成．砂防学会誌，**65**（2），51-55.

戸田堅一郎（2014）．曲率と傾斜による立体図法（CS 立体図）を用いた地形判読．森林立地，**56**（2），75-79.

登坂博行・平澤岳史（2003）．数値標高モデル（DEM）から地表岩相分布を推定するための粗度図の提案．応用地質，**44**（3），154-163.

内山庄一郎・井上　公・鈴木比奈子（2014）．SfM を用いた三次元モデルの生成と災害調査への活用可能性に関する研究．防災科学技術研究所研究報告，**81**，37-60.

横山隆三（2014）．一定垂直倍率立体地形解析図―新しい地図画像の立体表示法―．地質調査技術のフロンティア，1-20.

横山隆三・白沢道生・菊池　祐（1999）．開度による地形特徴の表示．写真測量とリモートセンシング，**38**（4），26-34.

［5.2 節］

新井田秀一（2010）．解像力の異なる数値標高モデルを用いた傾斜量図による地形表現．神奈川県立博物館研究報告（自然科学），（39），1-19.

Ayalew, L. and Yamagishi, H.（2005）．The application of GIS-based logistic regression for landslide susceptibility mapping in the Kakuda-Yahiko Mountains, Central Japan. *Geomorphology*, **65**（1-2），15-31.

Beven, K. J. and Kirkby, M. J.（1979）．A physically based, variable contributing area model of basin hydrology. *Hydrological Sciences Bulletin*, **24**（1），43-69.

濱崎英作・檜垣大助・林　一成（2015）．GIS に基づく斜面変動予測評価のためのバッファ移動解析と過誤確率分析法― 2008 年岩手・宮城内陸地震での事例研究―．日本地すべり学会誌，**52**（2），51-59.

ハスバートル・丸山清輝・野呂智之・中村　明（2012）．ロジスティック回帰分析を用いた既存地すべり地形の地震時の危険度評価．日本地すべり学会誌，**49**（1），12-21.

羽田野誠一（1974）．最近の地形学-8-崩壊性地形-1-（講座）．土と基礎，**22**（9），77-84.

林　一成・濱崎英作・八木浩司・檜垣大助（2015）．バッファ移動解析と過誤確率分析法を用いた地震地すべりの危険度評価モデルの構築．日本地すべり学会誌，**52**（2），60-66.

林　一成・若井明彦・田中頼博・阿部真郎（2011）．地形・地質解析と有限要素解析の連携による地震時の地すべり危険度評価手法．日本地すべり学会誌，**48**（1），1-11.

池田浩二・橋本修一・吉田　浩・石藤慎吾・水柿俊直・濱崎英作・石川晴和（2018）．地すべり地形判読を目的とした立体微地形図の開発．第 57 回日本地すべり学会研究発表会講演，pp.81-82.

岩橋純子・山岸宏光・神谷　泉・佐藤　浩（2008）．2004年 7 月新潟豪雨と 10 月新潟県中越地震による斜面崩壊の判別分析．日本地すべり学会誌，**45**（1），1-12.

神谷　泉・黒木貫一・田中耕平（2000）．傾斜量図を用いた地形・地質の判読．情報地質，**11**（1），11-24.

国土地理院．https://www.gsi.go.jp/

国土地理院，地図・空中写真閲覧サービス．https://mapps.gsi.go.jp/maplibSearch.do#1

中山大地・隈元　崇（2000）．細密 DEM に関する研究展望．デジタル観測手法を統合した里山の GIS 解析，東京大学空間情報科学研究センターシンポジウム，CSIS Discussion Paper 29, pp.31-34. http://www.csis.u-tokyo.ac.jp/dp/dp29/

小山内信智・内田太郎・野呂智之・山本　悟・小野田敏・高山陶子・戸村健太郎（2007）．既往崩壊事例から作成した地震時斜面崩壊発生危険度評価手法の新潟県中越地震への適用．砂防学会誌，**59**（6），60-65.

Pan, X., Nakamura, H., Nozaki, T. and Huang, X.（2008）．A GIS-based landslide hazard assessment by multivariate analysis. *Journal of the Japan Landslide Society*, **45**（3），187-195.

佐藤　浩・関口辰夫・神谷　泉・本間信一（2005）．斜面崩壊の危険度評価におけるニューラルネットワークと最尤法分類の比較．日本地すべり学会誌，**42**（4），293-

302.

産業技術総合研究所地質調査総合センター編（2007）．20万分の1シームレス地質図.

竹下敬司（1971）．北九州市門司・小倉地区における山地崩壊の予知とその立地解析．福岡県林業試験場治山調査報告，（1）.

竹内圭史・柳沢幸夫・宮崎純一・尾崎正紀（2004）．中越魚沼地域の5万分の1数値地質図（Ver.1），地質調査総合センター研究資料集，（412），産業技術総合研究所地質調査総合センター. https://www.gsj.jp/researches/openfile/openfile2004/openfile0412.html

内田太郎・片岡正次郎・岩男忠明・松尾　修・寺田秀樹・中野泰雄・杉浦信男・小山内信智（2004）．地震による斜面崩壊危険度評価手法に関する研究．国土技術政策総合研究所資料，（204）.

八木浩司・山崎孝成・渥美賢拓（2007）．2004年新潟県中越地震にともなう地すべり・崩壊発生場の地形・地質的特徴のGIS解析と土質特性の検討．日本地すべり学会誌，**43**（5），294-306.

八木浩司・山崎孝成・宮城豊彦（2008）．岩手・宮城県内陸地震で発生した東栗駒山東面の崩壊と土石流．日本地すべり学会誌，**45**（2），63-64.

横山隆三・白沢道生・菊池　祐（1999）．開度による地形特徴の表示．写真測量とリモートセンシング，**38**（4），26-34.

まとめ—斜面災害を地形から予測するために—

6.1 地すべり地形の抽出から再活動性評価まで

本書では，まず地形形成営力としての地すべり現象に着目することで山地・丘陵地域における地形発達研究が始まったことが述べられた．地形発達的観点から地すべり現象を捉える際，地形面の概念や，地形面と新たに発達した地形面との境界を示す遷急線の概念とその理解が重要であることが述べられた．そして空中写真判読が数 km² 〜数十 km² の領域に対する地すべり地形の抽出や同地形内の微地形判読に優れており，適切な判読から地すべり現象のタイプやすべり面の形状，さらには移動体の形成の順序までを明らかにできることを示した．

次に，近年国内外で集積が進む高密度DEM やその利用法が紹介され，それから地すべり微地形判読に便利な高精度地形図を個人で作成する技術も示された．地すべり活動で形成された微地形の形状や位置を的確に表現していくこと，さらには地すべり地形の置かれた位置的特徴，斜面全体の形状を総合的に判断することで，既存の地すべり地形の将来的な再活動性（susceptibility）評価にまで応用可能であることが述べられた．そこで用いられた手法が AHP である．以下，AHPを用いた地すべり地形の再活動性評価について総括する．

AHP を用いた空中写真判読による危険度評価手法の開発を岩手・宮城両県で行った．この結果，カルテ指標の理解と，判読手法のトレーニングを必要とするものの，カルテ指標をチェックするという簡単な仕組みの中でAHP 評価点という地すべりの危険性の定量化が可能となった．

複数の判読者で実施することは判読の瑕疵や誤解を減らすことに繋がり，むしろ複数で行うことが重要である．すなわち，AHP 手法での地すべり危険度評価には複数の判読者を必要とする．

当初，この評価モデルは豪雨・融雪を誘因とするものを対象とし，あくまで写真から認定できることを条件として研究を行った．もとより地震要因についても判定の可能性が期待され，ある程度は判定できることを示した．しかし，その後の地震地すべりの研究を踏まえると豪雨・融雪に比べて地震対応のAHP 評価では末端ポテンシャルの増大（先端勾配比）のウェイトを大きくする余地もあると判断された．

なお平成 16 年（2004 年）新潟県中越地震では地すべり地形のうち泥岩系に比べ砂岩系など，より脆性的なものが地すべり再動している．平成 20 年（2008 年）岩手・宮城内陸地震でも溶結凝灰岩などの硬質なものが被覆しているところで発生した事例が多いようである．本来空中写真だけで地すべりの内部物性を読み取ることは困難なことが多く，空中写真判読だけから地質まで考慮したカルテは作り難いと思われる．しかしながら，踏査などで判明する地質などを踏まえた補正を考慮する手法での改定も視野に入れて発展させていくことが重要であろう．

6.2 GIS を用いたこれまでの斜面防災研究と問題点

GIS は位置を持ったデータとして電子化し空間情報を統合化することで検索，集計，分析が容易で，簡単な統計処理などもできる特徴を有している．GIS の防災分野における活用の試みはすでに多く存在し，国または各地方自治体によってハザードマップ作成に活用されている．GIS は数値標高モデル（DEM）を活用できるばかりでなく，土地利用図や地質図，空中写真，衛星画像，都市計画図，台帳情報，ハザードマップ等のさまざまなデータをレイヤとして重ねて表現できるものである．したがって，GIS は地域住民の避難計画や災害対応計画策定のための情報発信媒体として重要である．また地震や降雨などによって地すべりや崩壊などの発生可能性が高いエリアを示す斜面変動予測地図も，GIS を中心とした研究が 2005 年頃（Ayalew and Yamagishi, 2005）から散見されるようになっている．かくして GIS は，斜面防災での予測研究に欠かせないツールとなってきている．

他方，最近の GIS を用いた斜面災害の研究では，地すべり・崩壊分布データを用いた斜面災害発生モデルを構築するため，さまざまな地形・地質条件を重ね合わせ，さらに AHP 法（Kamp *et al.*, 2008；Yalcin *et al.*, 2011）や最尤度法（佐藤ほか，2005），判別分析法（岩橋ほか，2008），ロジスティック統計分析（Ayalew and Yamagishi, 2005；Mancini *et al.*, 2010），またはほかの物理モデル（濱崎ほか，2007）を併用するなどの手法が発表されている．また評価要因分析では，傾斜度や曲率，岩相（地質），土地利用，河川からの距離等々を種々のアルゴリズム（例えば AHP モデルやファジーモデルなど）を利用して計算し，個々のセルまたは地すべり地形ごとに発生危険度を与えることなどが紹介されている（濱崎ほか，2003；Miyagi *et al.*, 2004）．

ただし，研究の多くで，特に日本以外では崩壊と地すべりを分けて扱わない事例（Yalcin *et al.*, 2011）なども散見され，また地すべりや崩壊発生域を規模も含めた面情報（ポリゴン）として扱わず，点情報（ポイント）として処理するケース（例えば，Zhu and Huang, 2006）がある．前者の崩壊と地すべりを分けない場合の問題点の 1 つは，本来要因が異なる可能性のあるものを同時に扱うために共通の因子部分でしか評価されなくなり，全体のフォーカスが甘くなりがちなことである．例えば一般に重要因子と判断される斜面勾配で着目した場合，地すべりと崩壊の発生しやすい勾配領域が明らかに異なるにもかかわらず，同時に扱うことで勾配要因の寄与率が低く見積もられるおそれがある．一方，後者の斜面災害地をポイント情報としてしか扱わない場合の問題は，スケールに対する重みづけを別途考慮する必要が生じて機械的な抽出や分析が難しくなるとともに，本来大きさで要因の意味が異なる可能性がある場合でも，それが曖昧に扱われてしまいがちなことである．したがって，AHP 分析の前処理では，崩壊や地すべりでの要因の違いを仕分けしておくことが重要である．

GIS の処理機能に目を向けると市販のものは統計処理も備わっており，評価すべきフィールドにおける地形量やさまざまなデータの空間統計量（例えば平均値，最大値，最小値，合計値，最頻値，標準偏差，頻度分布など）の計算結果を収集してデータベース化できる．また ArcGIS などで用いられているフォーカル統計のように，セル中心に周辺データの統計データを取り込んで表示させることも可能である．しかしながら，実事例を用いた非発生・発生場の分離のための判別分析や，モデル適合性判定のためのツールに関して，既存の GIS だけでは不十分でほかの統計ツールを併用する必要がある．また，

GIS 研究のいくつかは成果としてのリスクモデル図の妥当性評価において，目視のみの定性的検証しかないものが多いのも実情である．

このような課題に対して，本書ではバッファ移動解析や過誤確率分析法とその適用例を紹介した．

6.3 地すべり地形の再活動性評価と深層学習

昨今，囲碁や将棋において人工知能（AI）がプロの棋士に勝つようになり，また医療現場では画像から病変を捜し出すことなどをプロの医者に取って代わりつつあるなど，AI の深層学習（ディープラーニング）の適用が大流行である．このような画像や音声等の識別方法に関わる AI 技術の進歩は凄まじいといわざるをえない．深層学習の基本は画像や音声等のパターン認識を教師データとしてどんどん与えることで賢くすることである．これを，地すべりの地形量をパターン認識する情報に置き換えて地すべり地形を抽出するという流れは当然のことである．一方で，第3章でも述べたように，実際に生じた地すべり崩壊などの教師データは，癌の治験数や囲碁・将棋の棋譜データなどに比べると圧倒的に少ない．圧倒的な教師データの少なさは，本書で示したような有識者を交えたブレーンストーミングや，AHP 手法等で補強することが重要であろう． 〔濱崎英作・八木浩司〕

文 献

Ayalew, L. and Yamagishi, H.（2005）．The application of GIS-based logistic regression for landslide susceptibility mapping in the Kakuda-Yahiko Mountains, Central Japan. *Geomorphology*, **65**, 15-31.

濱崎英作・宮城豊彦・竹内則雄・大西有三（2007）．簡易 RBSM 三次元試行球面すべり面法を用いた造成地盛土斜面の地震被害評価法．日本地すべり学会誌，**43**（5），251-258.

濱崎英作・戸来竹佐・宮城豊彦（2003）．AHP を用いた空中写真判読結果からの地すべり危険度評価手法．第42回日本地すべり学会研究発表会講演集，227-230.

岩橋純子・山岸宏光・神谷 泉・佐藤 浩（2008）．2004年7月新潟豪雨と10月新潟県中越地震による斜面崩壊の判別分析．日本地すべり学会誌，**45**（1），1-12.

Kamp, U., Growley, B. J., Khattak, G. A., and Owen, L. A.（2008）．GIS-based landslide susceptibility mapping for the 2005 Kashmir earthquake region. *Geomorphology*, **101**, 631-642.

Mancini, F., Cappi, C. and Ritrovato, G.（2010）．GIS and statistical analysis for landslide susceptibility mapping in the Daunia area, Italy. *Natural Hazards and Earth System Sciences*, **10**, 1851-1864.

Miyagi, T., Gyawali, P. B., Tanavuid, C., Potichan, A. and Hamasaki, E.（2004）．Landslide risk evaluation and mapping: Manual of aerial photo interpretation for landslide topography and risk management. *Report of the National Research Institute for Earth Science and Disaster Prevention*, **66**, 75-137.

佐藤 浩・関口辰夫・神谷 泉・本間信一（2005）．斜面崩壊の危険度評価におけるニューラルネットワークと最尤法分類の比較．日本地すべり学会誌，**42**（4），293-302.

Yalcin, A., Reis, S., Aydinoglu, A. C. and Yomralioglu, T.（2011）．A GIS-based comparative study of frequency ratio, analytical hierarchy process, bivariate statistics and logistics regression methods for landslide susceptibility mapping in Trabzon, NE Turkey. *Catena*, **85**, 274-287.

Zhu, L. and Huang, J. F.（2006）．GIS-based logistic regression method for landslide susceptibility mapping in regional scale. *Journal of Zhejiang University SCIENCE A*, December 2006, **7**（12），2007-2017.

付録―解析プログラムの操作方法―

ここでは，第5章に示されているバッファ移動解析および過誤確率分析を行うプログラムの使用方法を記載する．各解析の詳細については，本書の5.2.2項を参照されたい．本プログラムは，GISソフト等で作成した地すべり／崩壊の発生場および非発生場の属性データを入力ファイルとして，上記の解析を行い，属性データに基づく危険度および過誤確率を出力するものである．

なお，実行ファイルとサンプルデータは朝倉書店ウェブサイトの本書紹介ページ（http://www.asakura.co.jp/books/isbn/978-4-254-26173-8/）からダウンロード可能である．

また，サンプルデータの属性データファイル[1]と指示データファイルは，5.2.2項dに示した2008年岩手・宮城内陸地震での分析事例のものである．

▌1　バッファ移動解析

▊1.1　入力ファイル

1.1.1　属性データファイル

属性データファイルは，平面上に等間隔に並んだ格子状の座標データと各座標位置の属性データ（標高，傾斜，地質，地すべり／崩壊の有無，…など）が記載されたカンマ区切りのテキストファイル（拡張子：txt）である．GISや表計算ソフトを用いて作成することを想定している．具体的な書式は以下のように作成する．

・初めの行（row）に，各列（column）のヘッダを記載する．ヘッダは半角英数字での入力を

推奨する．
・入力する属性の種類（列データ）の並びは任意であるが，1〜4列目にはID，X座標，Y座標，Z座標（標高）を入力することを推奨する．
・2行目からは，各格子点の座標および属性データを数値で入力する．この際，「地質区分」や「地すべり地形の有無」のような個別値も含めて，すべて数値で入力する．

1.1.2　指示データファイル

指示データファイルは，{ }で囲まれた指示カードと，それに続く部分に入力値（/で区切られる）を記載したテキストファイル（拡張子：AFS）である．なお指示カード以外の行に記載された内容はメモであり，解析実行時にはスキップされる．

指示カードと入力値の書式は下記のようであり，次の指示カードは改行して入力する．
{(指示カード1)}/(入力1)/(入力2)，…
{(指示カード2)}/(入力1)/(入力2)，…
{(指示カード3)}/(入力1)/(入力2)，…
　　　　　　　　　⋮
　　　　　　　　　⋮

指示カードは次に示す順番に作成する．ここで，/に続く入力部分はサンプルデータの値を記載した．実際には任意の値を入力する．
{ ADCALC_Gis_BaseTitle }/2008-岩手宮城地すべり
/解析のタイトル
を入力する．

入力した内容は出力ファイル名に用いられる．
{ ADCALC_Gis_base }/属性データ.txt/250/
150/バッファ出力/**yes**/**no**/**no**

---

1)　属性データファイルの標高値には，北海道地図株式会社製のGISMAP Terrain（【承認番号】「測量法に基づく国土地理院長承認（使用）R2JHs 66-GISMAP44722号」）を用いた．

/属性データファイル名/バッファの検索半径 R（m）/スキップ距離 L（m）/出力ファイルのフォルダ名/属性データファイル集計の有無（yes/no）/バッファ集積の有無（yes/no）/積層グラフ作成の有無（yes/no）
を入力する.

　各解析の手順については付録1.2を参照されたい.

{ ADCALC_Gis_Anal }/2/12

/解析に用いる属性データの開始列/および終了列
を入力する.

　通常は1列目がIDなので，開始列を2として，次に最終列の値を入力する.

{ ADCALC_Gis_XYZ }/2/3/4/0/16990/0/2/3/0/10

/X座標の格納列/Y座標の格納列/Z座標（標高）の格納列/X座標の最小値/X座標の最大値/Y座標の最小値/Y座標の最大値/格子間隔
を入力する.

　X/Y座標の最小値/最大値は，後述する「属性データファイル集計の有無」をyesとして解析プログラムを実行すると，属性データの統計情報を出力したファイル（○○_base.csv）が作成されるので，それを参照できる.

{ ADCALC_Gis_Gform_1 }/40/500/

/積層グラフの幅/および長さ
を入力する.

　通常は上記の初期値を変更しない.

{ ADCALC_Gis_Response }/5/Landslide/Area_par/1/2

/属性データファイルで目的変数の格納されている列/目的変数の名称（任意の文字列）/目的変数の集積方法（Area_par）/集積するコード番号
を記載する.

　バッファ移動解析において，属性データから目的変数の集積を指示するカードである．集積方法はバッファ内に占める割合（Area_par）を用い，これを変更しない．集積するコードは，例えば属性データにおいて，非発生箇所を0，地すべり滑落崖を1，地すべり移動体を2のように定義している場合は，上記のように複数のコード（1と2）を発生データとして取り扱うように指定できる.

{ ADCALC_Gis_predictor }/1/6/SLP_D/Mean

/バッファ解析の出力番号/説明変数が格納されている属性データファイルの列/説明変数の名称/説明変数の集積方法
を入力する.

　このカードの指示は，**{ ADCALC_Gis_base }** においてバッファ集積の有無を「**yes**」として解析を実行したときに反映される．通常，説明変数は複数あるので，出力番号は連番を付すことを推奨する．属性データファイル上の説明変数が入力されている列を指定し，入力した説明変数の名称は出力ファイルのヘッダに使用される.

　バッファ内の説明変数の集積方法には以下の種類があり，個々の説明変数の性質に応じて適切な方法を指定する.

・**Mean**：算術平均値（傾斜などの連続値に使用）
・**Mean_L**：対数平均（積算流量などレンジの大きな変数に使用）
・**Max**：最大値（連続値に使用）
・**MaxData**：最頻値（地質区分などの個別値に使用）
・**Mean_P**：面積率（%）（0か1のみが入力された列データにおいて，1の割合を集計する/地すべり地形の有無などに使用）

　バッファ集積の結果ファイルは，出力フォルダにcsv形式で出力される.

{ ADCALC_Gis_predictor }/8/4/Egd_10/Edg/10

/バッファ解析の出力番号/標高値が格納されている属性データファイルの列/説明変数の名称/説明変数の集積方法（Edg）/凸凹度を求める際の隣接セルまでの距離 d（m）
を入力する.

　通常の説明変数の集積とは別に，上記のように標高値が格納されている属性データファイルの列を指定し，説明変数の集積方法に「**Edg**」を定義すると，プログラム内で標高値から直接凸凹度を算出してバッファ内の平均値を集積することができる．なおここでの凸凹度とは対象セルから8方位に一定距離（d）離れた8点の平均標高と中心標高との差の絶対値を距離 d で割った値であり，

詳細は濱崎ほか（2015）を参照されたい.

{ ADCALC_Gis_predictor}/11/4/Kifuku/U
ndulate1

/バッファ解析の出力番号/標高値が格納されている属性データファイルの列/説明変数の名称/説明変数の集積方法（Undulate1）
を入力する.

凸凹度（Edg）と同様に, 標高値が格納されている属性データファイルの列を指定し, 説明変数の集積方法に「**Undulate1**」を定義すると, プログラム内で標高値から直接起伏量を算出してバッファ内の平均値を集積することができる. なおここでの「起伏量」は, 濱崎ほか（2015）による対象セルを中心とした正方形の範囲（窓領域）内の最大標高と最小標高との差を2点間の距離で除した値であり, 窓領域のサイズはバッファ領域の円を抱合する正方形の範囲（バッファ半径が250mの場合は一辺が500mの正方形となる）と定義される.

{ ADCALC_Gis_predictor}/11/4/Open/Ope
nness/

/バッファ解析の出力番号/標高値が格納されている属性データファイルの列/説明変数の名称/説明変数の集積方法（Openness）
を入力する.

凸凹度（Edg）と同様に, 標高値が格納されている属性データファイルの列と, 説明変数の集積方法に「**Openness**」を定義すると, プログラム内で標高値から直接地上開度を算出してバッファ内の平均値を集積することができる. この際の地上開度の検索半径はバッファと同じサイズとなる. また値が90度以上になる場合, 出力値は一律に90度となる.

{ ADCALC_Gis_Bar }/Line/4/10/5/5/0/45
/LS 面積率−平均傾斜

/積層グラフのタイプ（Line のみ）/バッファ集積結果ファイルにおける目的変数（地すべり or 崩壊の面積率）が格納されている列（通常は4列目で固定）/積層グラフ作成時の目的変数の刻み幅/説明変数の集積結果が格納されている列/積層グラフ作図時の説明変数の刻み幅/積層グラフ作図時の説明変数の最小値/積層グラフ作図時の説

明変数の最大値/出力ファイルの名称
を入力する.

このカードの指示は, **{ ADCALC_Gis_base }**
において積層グラフ作成の有無を「**yes**」として解析を実行したときに反映される. 出力フォルダにはグラフを作成するための値を格納した csv 形式のファイルと, それを図化したグラフの bmp 形式のファイルが出力される.

{ ADCALC_Gis_CalcStart }

{ END }

これらは, 指示データの入力が完了し解析の開始を宣言するためのカードで, 変数の入力は不要である.

■ 1.2 解析プログラムの実行手順と出力ファイル

1.2.1 解析プログラムの実行

解析プログラムの実行ファイル（exe）を任意のフォルダ（親フォルダ）に保存し, 同じ階層に作業フォルダを作成する. 作業フォルダには, 付録1.1に示した入力ファイル（属性データファイルと指示データファイル）を格納する（図1）.

実行ファイルを開くと使用許諾条件が表示され, 同意して使用する場合は（2）を選択する（図2）. なお, 本プログラムではマウスの使用に対応していないため, キーボードのカーソルとEnter キー（決定）および Esc キー（戻る）により操作する.

次の画面で, （2）Select Folder を選択すると, 実行ファイルと同じ階層にあるフォルダのリストが表示される. 入力データが格納されている作業フォルダを選択し, 決定すると前の画面に戻る. その後, （1）Run を選択し作業フォルダ内指示データファイルを指定すると, 指示データの内容

図1 解析実施前のフォルダ構造

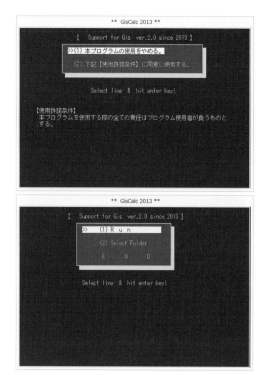

図2　実行ファイル立ち上げ時の画面

図3　属性データの統計情報（〇〇_base.csv）の出力

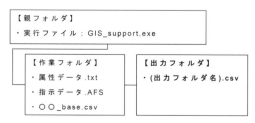

図4　出力フォルダにバッファ集積結果ファイル作成

に従って，以下の1.2.2～1.2.4に示す解析が行われる（図2）．

1.2.2　属性データファイルの集計

　はじめに，指示データファイル（AFS）の**{ ADCALC_Gis_base }**において属性データファイル集計の有無を「**yes**」（ほかは「**no**」）として解析プログラムを実行すると，属性データの統計情報を出力したファイルが作成される．このファイルは出力フォルダではなく属性データファイルや指示データファイルと同じ階層に作成される（図3）．内容は，属性データファイルのデータ数や各列の統計情報（最小値，最大値，差，平均値）が，カンマ区切りのテキストファイル（csv形式）として出力される．各種のテキストエディタや表計算ソフトを使って表示することができる．

　通常の手順では，指示データファイルの冒頭部分のカード（**{ ADCALC_Gis_BaseTitle }**から**{ ADCALC_Gis_Anal }**まで）を入力して属性データファイルの集計を行い，統計情報の出力ファイルからX，Y座標の最小，最大値を参照

して，指示データファイルの**{ ADCALC_Gis_XYZ }**の内容を入力する．それ以降のカード（**{ ADCALC_Gis_predictor}**まで）の入力を行った上で，再度実行ファイルを開いて，次のステップであるバッファ集積に進む．

1.2.3　バッファ集積

　次に，指示データファイル（AFS）の**{ ADCALC_Gis_base }**においてバッファ集積の有無を「**yes**」（ほかは「**no**」）として解析プログラムを実行すると，出力フォルダにバッファ集積結果ファイル（csv形式）が作成される（図4）．内容は表形式であり，1～3行目までがヘッダで4行目以降に各バッファごとの集積結果が格納される．1～4列目はそれぞれID，バッファ中心のX座標，バッファ中心のY座標，目的変数（地すべり or 崩壊の面積率）を示しており，5列目以降には各説明変数の集積値が並ぶ．最後（一番右側）の列は，バッファ内のセル数（面的に端部のデータでは半径 R の円の面積よりも小さくなるものがある）が格納されている．カンマ区切りのテキストファイル（csv形式）として出力されるため，各種のテキストエディタや表計算ソフトを使って表示することができる．

　バッファ集積結果を参照して，指示データファイルの**{ ADCALC_Gis_Bar }**に内容を入力し，

再度実行ファイルを開いて，次のステップである積層グラフの作成に進む．

1.2.4 積層グラフの作成

次に，指示データファイル（AFS）の**{ ADCALC_Gis_base }**において積層グラフ作成の有無を「**yes**」（ほかは「**no**」）として解析プログラムを実行すると，出力フォルダにはグラフを作成するための値を格納した csv 形式のファイルと，それをグラフにした bmp 形式の画像ファイルが出力される（図5）．出力ファイルは個別の説明変数ごとに複数セット作成される．

出力された積層グラフから，その要因が地すべりや崩壊の発生率に相関しているかどうかや，発生率が大きくなる説明変数の閾値が直感的に理解できる．例えば，図6ではバッファ集積データの

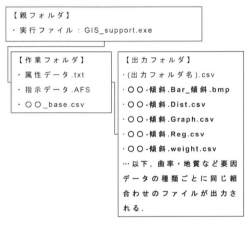

図5 積層グラフのファイル群の出力

崩壊面積率が高いものほど，地上開度（の平均値）が小さく，発生データでは 70〜75 度ないし 75〜80 度のものが大半を占めることがわかる．

2　過誤確率分析

■ 2.1　入力ファイルの書式

2.1.1　バッファ集積結果ファイル

過誤確率分析の入力ファイルとして，バッファ移動解析で作成したバッファ集積結果ファイル（付録1.2.3；図4）を使用する．付録2.2.1に示す実行手順のとおり，過誤確率分析の作業フォルダ中の解析結果出力フォルダに，バッファ集積結果ファイルをコピーして保存し，拡張子を txt に変更する．

2.1.2　指示データファイル

過誤確率分析の作業フォルダに，以下のカードを格納した指示データファイル（AFS）を作成する．

{ ADCALC_Traial_AHP_folder }/過誤確率出力/Base/0

/出力フォルダ名/出力ファイル名/繰り返し回数

出力フォルダ名とファイル名には任意の文字列を指定する．繰り返し回数は0の場合，後述する複数の説明変数間の重みづけを指定した1パターンでのみ行う．例えば1,000回の複数回の繰り返しを指定した場合は，各説明変数の重みを次の指示コード（**{ ADCALC_TriAHP_Res }**）で指定し

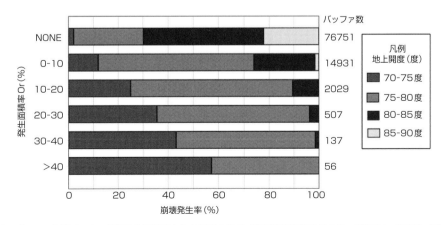

図6 バッファ集積データの崩壊発生面積率と地上開度の関係（岩手宮城内陸地震の例，濱崎ほか（2015）を改変）

た範囲内でランダムに変化させて解析を行い，最も過誤確率の小さい重みづけの組合わせを探索することができる．

{ ADCALC_TriAHP_Res }/4/0.2/on/777

/バッファ集積結果ファイルの中の目的変数の列/繰り返し計算の際の説明変数間の重みづけの変動幅/個別の説明変数ごとの過誤確率分析を行う際のスイッチ（on/off）/ランダム値の計算に用いる変数（通常変更しない）

バッファ集積結果ファイルで目的変数が格納されているのは通常4列目である．3番目のスイッチを「**on**」にすると，後述する説明変数間の重みづけに関係なく，個々の説明変数ごとに危険度の得点を最大（100点）とした場合の過誤確率分析を行う．説明変数の間に重みづけを与えて，複数の説明変数による危険度の積算を最大100点として評価する場合には「**off**」にする．さらに複数の説明変数間の重みづけを変化させて繰り返し計算を行う場合には，変動幅（最大0.2＝±20%以内でランダムに変化）を指定する．

{ ADCALC_TriAHP_pre }/15/Kifuku/20/0.35＝999,1.0＃0.25＝0.35,0.6＃0.15＝0.25,0.3＃0.00＝0.15,0.1/

/バッファ集積結果ファイルで説明変数の格納されている列/説明変数の名称/その説明変数の重み/配点の区切りと割合

個別の説明変数ごとに，改行して上記の指示コードを作成する．上記の例では，バッファ集積結果ファイルの15列目に格納されている起伏量に最大で20点分の重みを与え，バッファ内の集積値が0.35以上（レンジを＝で区切る）の場合は100%（1.0；20点），0.25〜0.35の場合は60%（0.6；12点），0.15〜0.25の場合は30%（0.3；6点），0.15以下の場合は10%（0.1；2点）を与えることになる．複数の説明変数で危険度を評価する場合は説明変数の重みの合計が100になるように調整する．

{ ADCALC_TriAHP_CalcStart }/stoch/5000/on

計算モデル等を定義する箇所であるが通常は上記の初期値を変更しない．

{ END }

指示の終わりを示すコードで変数の入力は必要ない．

■ 2.2 解析プログラムの実行手順と出力ファイル

2.2.1 解析プログラムの実行

バッファ移動解析の作業フォルダと同じ階層に，過誤確率分析用の作業フォルダを作成する．この際，バッファ移動解析とは別の作業フォルダを作成する．作業フォルダには，指示データファイルを格納し，さらに指示データファイルと同じ階層に解析結果の出力フォルダを作成する．この際のフォルダ名は指示データファイルの**{ ADCALC_Traial_AHP_folder }**カードに入力するフォルダ名と一致させる．解析結果の出力フォルダには，付録2.1.1に示したバッファ集積結果ファイル（付録1.2.3で出力したファイル（図4）の拡張子をtxtに変更したもの）を格納する（図7）．

実行ファイルの使用許諾条件に同意し，（2）Select Folderを選択した上で，過誤確率分析の作業フォルダを指定する．その後，（1）Runを選択し決定すると，指示データファイルの内容に従って，以下の2.2.2，2.2.3に示す解析が行われる．

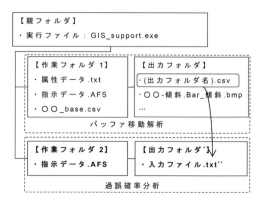

図7 過誤確率分析実行時のフォルダ構造

*過誤確率分析のフォルダ名はあらかじめ指示データ.AFSに入力するフォルダ名と一致させる．

**入力ファイルはバッファ集積結果ファイルの拡張子をtxtに変更したもの．

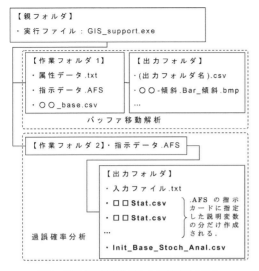

図 8　個別の説明変数ごとの過誤確率の出力

2.2.2　個別の説明変数ごとの過誤確率分析

　指示データファイル（AFS）の**{ ADCALC_Tri AHP_Res }**カードの 3 番目の項目を「**on**」にすると，個別の説明変数ごとの過誤確率を求めることができる．この際，すべての説明変数の**{ ADCALC_TriAHP_pre }**カードにおいて，その説明変数の重み（3 番目の項目）を「**100**」とする．

　出力フォルダには，指示データファイルに入力した説明変数ごとに，発生データおよび非発生データの危険度得点ヒストグラムを示す個別のテキストファイル（□□Stat.csv）が出力される．併せて，すべての説明変数の過誤確率分析結果の一覧表を示すテキストファイル（Init_Base_Stoch_Anal.csv）が出力される（図 8）．

　Init_Base_Stoch_Anal.csv には説明変数ごとに各種の統計値が格納されており，p1 列に非発生データの過誤確率，p2 列に発生データの過誤確率が格納されている．末尾の p_all/2 列が両者の平均（5.2.2 項に示した分析の過誤確率（P））を示している．p_all/2 列の値が小さい説明変数ほど，発生と非発生をよく分離できる要因と評価される．

2.2.3　複数の説明変数による過誤確率分析

　個別の説明変数ごとの過誤確率を参考に，最終

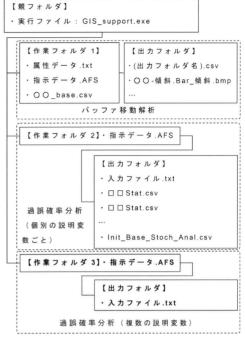

図 9　複数の説明変数による過誤確率分析の作業フォルダを作成

的に危険度評価に採用する説明変数やその重みづけを検討し，複数の説明変数による過誤確率分析を行う．この際，(2) とは別の作業フォルダを設けるほうがわかりやすい（図 9）．

　指示データファイル（AFS）の**{ ADCALC_TriAHP_Res }**カードの 3 番目の項目を「**off**」にすると，複数の説明変数による過誤確率分析を行うことができる．この際，すべての説明変数の**{ ADCALC_TriAHP_pre }**カードにおいて，各説明変数の重み（3 番目の項目）の合計が 100 となるよう調整する．さらに設定した重みづけを初期値として，繰り返し計算により過誤確率が最も小さくなる組合わせを検討する場合は，**{ ADCALC_Traial_AHP_folder }**カードの繰り返し回数（3 番目の項目）に「**1000**」などの大きな値を入力し，併せて**{ ADCALC_TriAHP_Res }**カードの許容変動幅（2 番目の項目；「**0.2**」を推奨）を入力する．

　出力フォルダには，発生データおよび非発生データの危険度得点ヒストグラムを示すテキストファイル（000_Stat_××.CSV），バッファごとの危険度得点を示す一覧表のファイル（Base_

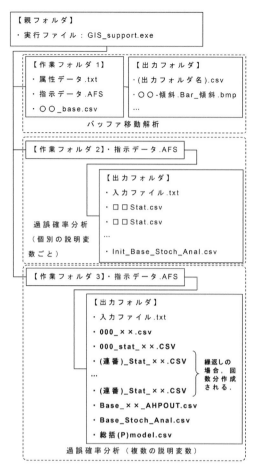

図10 複数の説明変数による過誤確率分析の結果の出力

××_AHPOUT.csv），過誤確率の分析結果を示す一覧表のファイル（Base_Stoch_Anal.csv および総括（P）model.csv）が作成される（図10）．繰り返し計算を行った場合は，上記に加えて指定した回数分の各ケースのヒストグラムファイル（（連番）_Stat_××.CSV）が出力される．

この際，000_Stat_××.CSV と Base_××_AHPOUT.csv には初期値の重みづけによる結果が出力される．また Base_Stoch_Anal.csv および総括（P）model.csv には繰り返し計算全ケースの過誤確率（P）が出力されるので，P が最小となる場合の最適な重みづけの組合わせを参照することができる．最適な重みづけを指示カードに記入して再度解析を実施すれば，最適モデルの危険度得点ファイル（Base_××_AHPOUT.csv）が得られる．

Base_××_AHPOUT.csv に各バッファの中心点の X，Y 座標が含まれているため，これを GIS ソフトに読み込むと，危険度評価得点の分布図を作成することができる．

文　献

濱崎英作・檜垣大助・林　一成（2015）．GIS に基づく斜面変動予測評価のためのバッファ移動解析と過誤確立分析法― 2008 年岩手・宮城内陸地震での事例研究―，日本地すべり学会誌，**52**（2），51-59.

索　引

斜面防災危険度評価ガイドブック

―斜面と地すべりの読み解き方―　　　　　　　　定価はカバーに表示

2021 年 6 月 1 日　初版第 1 刷

編　者	日本地すべり学会 斜面防災危険度 評価ガイドブック 編集委員会
発行者	朝　倉　誠　造
発行所	株式 会社　朝　倉　書　店

東京都新宿区新小川町 6-29
郵便番号　　162-8707
電　話　03 (3260) 0141
FAX　03 (3260) 0180
http://www.asakura.co.jp

〈検印省略〉

前筑波大 松倉公憲著

地 形 変 化 の 科 学
—風化と侵食—

16052-9 C3044　　　B 5 判 256頁 本体5800円

日本に頻発する地すべり・崖崩れや陥没・崩壊・土石流等の仕組みを風化と侵食という観点から約260の図写真と豊富なデータを駆使して詳述した理学と工学を結ぶ金字塔。〔内容〕風化プロセスと地形／斜面プロセス／風化速度と地形変化速度

前京大 岡田篤正・山形大 八木浩司著

図説 日 本 の 活 断 層
—空撮写真で見る主要活断層帯36—

16073-4 C3044　　　B 5 判 216頁 本体4800円

全国の代表的な活断層を，1970年代から撮影された貴重な空撮写真を使用し，3Dイメージ，イラストとあわせてビジュアルに紹介。断層の運動様式や調査方法，日本の活断層の特徴なども解説し，初学者のテキストとしても最適。オールカラー

前学芸大 小泉武栄編

図説 日 本 の 山
—自然が素晴らしい山50選—

16349-0 C3025　　　B 5 判 176頁 本体4000円

日本全国の53山を厳選しオールカラー解説〔内容〕総説／利尻岳／トムラウシ／暑寒別岳／早池峰山／鳥海山／磐梯山／巻機山／妙高山／金北山／瑞牆山／縞枯山／天上山／日本アルプス／大峰山／三瓶山／大満寺山／阿蘇山／大崩山／宮之浦岳他

前静岡大 狩野謙一・徳島大 村田明広著

構 造 地 質 学

16237-0 C3044　　　B 5 判 308頁 本体5700円

構造地質学の標準的な教科書・参考書。〔内容〕地質構造観察の基礎／地質構造の記載／方位の解析／地殻の変形と応力／地殻物質の変形／変形メカニズムと変形相／地質構造の形成過程と形成条件／地質構造の解析とテクトニクス／付録

日本地質学会構造地質部会編

日 本 の 地 質 構 造 100 選

16273-8 C3044　　　B 5 判 180頁 本体3800円

日本全国にある特徴的な地質構造—断層，活断層，断層岩，剪断帯，褶曲層，小構造，メランジュ—を100選び，見応えのあるカラー写真を交えわかりやすく解説。露頭へのアクセスマップ付き。理科の野外授業や，巡検ガイドとして必携の書。

前北大 丸谷知己編

砂 防 学

47053-6 C3061　　　A 5 判 256頁 本体4200円

気候変動により変化する自然災害の傾向や対策，技術，最近の情勢を解説。〔内容〕自然災害と人間社会／砂防学の役割／土砂移動と地表変動(地すべり，火山泥流，雪崩，他)／観測方法と解析方法／土砂災害(地震，台風，他)／砂防技術

檜垣大助・緒續英章・井良沢道也・今村隆正・山田 孝・丸谷知己編

土 砂 災 害 と 防 災 教 育
—命を守る判断・行動・備え—

26167-7 C3051　　　B 5 判 160頁 本体3600円

土砂災害による被害軽減のための防災教育の必要性が高まっている。行政の取り組み，小・中学校での防災学習，地域住民によるハザードマップ作りや一般市民向けの防災講演，防災教材の開発事例等，土砂災害の専門家による様々な試みを紹介。

宮教大 小田隆史編著

教師のための防災学習帳

50033-2 C3037　　　B 5 判 112頁 本体2500円

教育学部生・現職教員のための防災教育書。〔内容〕学校防災の基礎と意義／避難訓練／ハザードの種別と地形理解，災害リスク／情報を活かす／災害と人間のこころ／地球規模課題としての災害と国際的戦略／家庭・地域／防災授業／語り継ぎ

日本災害情報学会編

災 害 情 報 学 事 典

16064-2 C3544　　　A 5 判 408頁 本体8500円

災害情報学の基礎知識を見開き形式で解説。災害の備えや事後の対応・ケアに役立つ情報も網羅。行政・メディア・企業等の防災担当者必携〔内容〕[第1部：災害時の情報]地震・津波・噴火／気象災害[第2部：メディア]マスコミ／住民用メディア／行政用メディア[第3部：行政]行政対応の基本／緊急時対応／復旧・復興／被害軽減／事前教育[第4部：災害心理]避難の心理／コミュニケーションの心理／心身のケア[第5部：大規模事故・緊急事態]事故災害等／[第6部：企業と防災]

日本地形学連合編　前中大 鈴木隆介・前阪大 砂村継夫・前筑波大 松倉公憲責任編集

地 形 の 辞 典

16063-5 C3544　　　B 5 判 1032頁 本体26000円

地形学の最新知識とその関連用語，またマスコミ等で使用される地形関連用語の正確な定義を小項目辞典の形で総括する。地形学はもとより関連する科学技術分野の研究者，技術者，教員，学生のみならず，国土・都市計画，防災事業，自然環境維持対策，観光開発などに携わる人々，さらには登山家など一般読者も広く対象とする。収録項目8600。分野：地形学，地質学，年代学，地球科学一般，河川工学，土壌学，海洋・海岸工学，火山学，土木工学，自然環境・災害，惑星科学等

上記価格（税別）は 2021 年 5 月現在